高等院校"十三五"应用型艺术设计教育系列规划教材

珠宝首饰概论

主编 叶瑾瑜 杨宇 姚超

U0295832

合肥工业大学出版社

图书在版编目（CIP）数据

珠宝首饰概论/叶瑾瑜，杨宇，姚超主编.—合肥：合肥工业大学出版社，2019.10
ISBN 978-7-5650-4666-7

Ⅰ.①珠…　Ⅱ.①叶…　②杨…　③姚…　Ⅲ.①宝石—概论　②首饰—概论　Ⅳ.①TS934.3

中国版本图书馆CIP数据核字（2019）第246819号

珠 宝 首 饰 概 论

主编：叶瑾瑜　杨　宇　姚　超　　　责任编辑：王　磊
出　　版：合肥工业大学出版社
地　　址：合肥市屯溪路193号
邮　　编：230009
网　　址：www.hfutpress.com.cn
发　　行：全国新华书店
印　　刷：安徽联众印刷有限公司
开　　本：889mm×1194mm　1/16
印　　张：6.25
字　　数：140千字
版　　次：2019年10月第1版
印　　次：2020年8月第1次印刷
标准书号：ISBN 978-7-5650-4666-7
定　　价：58.00元
发行部电话：0551-62903188

序

　　珠宝首饰概论是珠宝首饰设计专业中为数不多的纯理论课。相对于珠宝手绘、宝石琢型、金属工艺等一系列应用性强的课程而言，珠宝首饰概论着重培养学生设计思维的深度，是一门拓宽视野、增加设计涵养的课程。这门课是珠宝首饰历史知识的宝库，沿着婉转曲折的历史长河，天南地北地讲述各个国家、各个民族引以为傲的闪亮瑰宝、精湛工艺和时尚潮流；让学生在了解时代经济、技术和文化的基础上，学习首饰发展历史，掌握首饰佩戴方式、首饰款式结构、首饰材质搭配以及首饰加工工艺，并学会欣赏各个历史时期的优秀首饰设计作品，从中汲取营养，为分辨首饰创作风格、创新首饰设计和从历史的角度看当前首饰市场做好知识上的准备。

　　本书的作者都是我的学生，有的从初入教职就开始讲授珠宝首饰概论课，有的在珠宝职教领域已小有名气，有的在高等教育中做出了突出贡献。她们都在不断探索这门课的内涵，完善珠宝首饰专业课程体系。从课程名的字面意思来看，《珠宝首饰概论》应该是一本涉及首饰设计、珠宝加工和珠宝营销等方方面面的厚书。从专业课程体系设计来看，许多专业课与珠宝首饰概论课有交集，甚至在内容上有重合的地方。那么，这门课的核心到底是什么，这是一个很难回答的问题。因此，作者下决心编写一本教材，方便本科、专科以及职业教育使用，同时初步摸索哪些知识点适合纳入这门课的范畴。

　　总而言之，这本教材通俗易懂，适合珠宝爱好者、珠宝教育者和珠宝从业者学习使用。该书系统、全面地介绍了首饰发展的历史，在许多方面比较有特色，适合大学、职院、中职等院校作为教材使用。作者还会进一步完善这本书，更加广泛、深入地搜集材料，同时把珠宝史的脉络多做一些梳理和总结。

中国地质大学珠宝学院教授

武汉工程科技学院艺术与传媒学院院长

前言

　　珠宝首饰，它不仅包含着人们对美的追求，还包含着特定的社会情感和文化意识。它不仅从色彩、形态、肌理、材料等方面给人以美的愉悦，还从文化、理念、象征等方面满足人们更深层次的精神需要。

　　在人类文明发展史中，不同时期、地域的民族根据各自的需求，创造了许多精美的首饰作品。

　　珠宝首饰概论是一门珠宝首饰专业的理论课程。珠宝首饰概论内容包含首饰史、首饰工艺以及首饰鉴赏等方面。其课程内容安排既不能像考古学那样去研究每一件首饰的来龙去脉，也不能随意选取一两件作鉴赏，需要兼顾深度和广度，为学生进行首饰设计实践打下坚实的理论知识基础。

　　本书较系统地讲述了亚洲、非洲和欧洲等主要文化发源地从原始社会到近代时期的珠宝首饰发展历史，并介绍了各个时期的首饰分类，总结了有代表性的首饰作品和首饰制作工艺。本书的特点有：一是编写材料来源十分广泛，包括工艺美术史的书籍、各大博物馆的介绍以及国外一些专业研究珠宝历史的报告；二是使用了大量珠宝首饰的高清图片。

　　总之，本书的内容通俗易学、特色鲜明，是一本不可多得的珠宝专业用书，适合本科和职业教育使用。

　　由于编写时间仓促，书中疏漏之处在所难免，恳请批评指正。

编者

2019.8

目录
contents

1

第一章　原始社会时期的首饰

第一节　时代背景

　　我们伟大的祖国是世界四大文明古国之一。我国境内最早的居民是约170万年前生活在现在云南地区的元谋人。元谋人和北京人都已经会使用天然火，元谋人和北京人的用火灰烬层，是迄今为止世界上发现的最早的人类用火遗迹。

　　原始社会通常分为三大石器时代。旧石器时代早期和中期，人类还只能制造简单的石器，通过狩猎和采集来维持生活。到了旧石器时代晚期，随着生产力的发展，人类转入了相对的定居生活。中石器时代是从旧石器时代到新石器时代的过渡阶段。这一时期细石器被大量使用，广泛使用弓箭，已知驯狗，有使用独木舟和木桨的痕迹。在距今三四万年前，中国的东北地区曾是当时古文化最发达的地方。那里的人穿着兽皮，手里拿着先进的带倒刺的捕鱼工具。他们还会打制简单的石器——能够制造和使用工具。新石器时代母系氏族得到了全盛。婚姻制度由群婚转向对偶婚，形成了比较确定的夫妻关系。在氏族内部，除个人常用的工具外，所有的财产归集体公有。有威望的年长妇女担任首领，氏族的最高权力机关是氏族议事会，参加者是全体的成年男女，享有平等的表决权。

第二节　典型首饰及分类

　　原始社会时期的中国，人们使用的饰物有冠饰、发笄、梳子、耳塞、耳玦、鼻环、串饰及玉佩、护臂、手镯、指环等种类。其中，比较典型的首饰有小孤山人的项饰、山顶洞人的装饰配件、相传由女娲传下来的饰物笄、良渚文化的项链以及玉鹰攫人首佩。

　　小孤山人的项饰距今约三四万年，是一条由穿孔兽牙和贝壳做成的项链，因出土于小孤山村遗址而得名，属于旧石器时代晚期。项链穿起的材料之一是中心穿孔的扁圆贝壳（图1-1）。贝壳边缘有多条刻槽，刻槽里残留着红色颜料。红色象征血液，说明这个项饰可能有辟邪的作用。项链穿起的材料还有牙齿，先将齿根磨薄再从两边钻孔。

图1-1　小孤山人的项饰

石器时代的装饰品多用于头发、耳朵、脖子、前胸、腰、手臂、手腕、手指、脚腕等处，在男性中十分盛行。

山顶洞人的装饰配件距今约一万八千年，包括精心磨制并穿孔的野兽牙齿、海蚶壳，用赤铁矿粉聚成的红色小石珠、小砾石，用青鱼骨刻成沟状的骨管，以及一条染成红色的皮条。目前发现的一百多件装饰品中，绝大多数由动物牙齿做成。（图1-2）

图1-2　山顶洞人的装饰物

笄，《说文解字》中将之解释为发簪，又被称为女娲传下来的饰物。清代汪汲《事物原会》中说妇女束发为髻，从燧人氏就开始了，到了女娲氏时以羊毛向后系束，或用荆梭与竹笄来挽成发髻。古代女子到了成年的时候就用笄将头发绾起，因此笄也指女子的成年礼。在男子盛行带冠之时，发笄还有固冠作用，以免滑坠。

从样式上看，古代发笄通常是一根被磨制过的小棍，一端较尖便于插戴，另一端露在发外面的就成为笄首。笄首有球形、环形、丁字形等，讲究些的还在棍状的笄身上刻一些横、竖或斜纹作为装饰，这样的笄长度一般为10~16厘米。

从质料上看，古代发笄有骨、石、陶、蚌、荆、竹、木、玉、铜、金、象牙、牛角及玳瑁等多种。据推测多是随手取材，竹质取材于附近竹林，骨质取材于猎物的牙齿和肢骨，蚌质取材于海河边的蚌壳，陶质取材于简单的陶棍。相对而言，石质与玉质的比较稀有。石质的发笄出土于咸阳尹家村遗址，为两件圆锥形石，是目前最古老的笄之一。玉笄更为珍贵，目前发现的数量极少，山东临朐西朱封村曾出土过一件精美的玉笄，距今4200—4000年（图1-3）。它工艺精巧，由玉首和玉柄两部分组成，犹如一只乳白色的透雕蝴蝶，表现手法高超。骨质的最常见。骨笄的样式多达千种，用的多是牛、羊、猪、鹿等动物的骨头。有时，骨针状的笄不但可以固定头发，还是实用的缝纫工具。

项链是由一种或多种中间有孔的珠、管或其他小饰物穿连在一起的装饰品。早期的人类用动物的牙齿、贝壳、化石、卵石、鱼骨等穿孔串联成项链戴在颈间，后期也会采用石珠或玉珠，数量在三、五、六颗不等。

坠饰是在串饰的正中加一个不同于串珠的较为精致的饰件，或直接用绳单独悬挂一种饰件。如大汶口遗址早期的一件玉项链带有坠饰。坠饰通常是小动物的形象，如虎、鱼、鸟、鸭、蝉等。

如上海青浦区良渚文化遗址中发现的最精致的一串玉项饰是由大小不等的五十多颗玉珠和六根锥形饰物组成。（图 1-4）

玉鹰攫人首佩出土于龙山文化遗址，长 9.1cm，宽 5.2cm，厚 2.9cm，佩玉料呈青黄色，局部有褐色斑，片状，边缘略薄，两面图案相同（图 1-5）。饰品上部为一只展翅之鹰，鹰头侧转，双爪下垂各抓一人首。作品为镂雕，鹰身上的一些装饰纹用凸起的线条组成，这些工艺同新石器时代石家河文化的玉器工艺类似，据推测为新石器时代晚期制造。此佩图案较复杂，鹰翅上端与人首间装饰的含义尚不明确，作品表现的可能是远古时期的氏族图腾，鹰是氏族的徽号，而鹰爪抓的应是战败的敌人之首级。此类腰间佩饰品在中国的南北方都有发现。北方的红山文化遗址出土了种类多样的系挂饰物，如一些人形饰、动物形饰及具有某种意义的象征性饰物。

第三节　制作工艺

原始社会时期的代表性工艺是玉雕，主要包括镂雕和透雕。

镂雕是一种雕塑形式，也称镂空雕，即把石材中

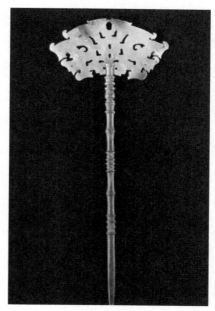

图 1-3　玉笄

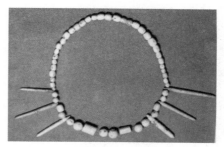

图 1-4　项链（良渚文化）

图 1-5　玉鹰攫人首佩（龙山文化）

没有表现物象的部分掏空，把能表现物象的部分留下来。镂雕是从圆雕中发展出来的技法，它是表现物象立体空间层次的雕刻技法，是从传统石雕工艺中发展而来的。古代石匠常常雕刻口含石滚珠的龙。龙珠剥离于原石材，比龙口要大，在龙嘴中滚动而不滑出。这种在龙钮石章中活动的"珠"就是最简单的镂空雕。

透雕是在雕刻作品中，保留凸出的物象部分，而将背面部分进行局部镂空，这就称为透雕。透雕与镂雕、链雕的异同表现为：三者都有穿透性，但透雕的背面多以插屏的形式来表现，有单面透雕和双面透雕之分。单面透雕只刻正面，双面透雕则将正、背两面的物象都刻出来。不管单面透雕还是双面透雕，都与镂雕、链雕有着本质的区别，那就是镂雕和链雕都是360°的全方面雕刻，而不是正面或正反两面。因此，镂雕和链雕属于圆雕技法，而透雕则是浮雕技法的延伸。

 思考题

以原始社会典型首饰为例，谈谈艺术的实用性和审美性的关系。

第二章　夏商西周时期的首饰

第一节　时代背景

夏代是中国历史上的第一个朝代，具有高度文明的制度。夏代的服饰已有了贵贱之分。贵族的服饰华丽，首饰制作精美。夏代装饰材质的首选是绿松石，当时已经有了最早的青铜器和最早的绿松石器作坊，绿松石的加工已达到了相当高的程度。

商代是中国历史上文化最具创造力的时期之一，不但开创了中国的青铜文明，还创造了中国最早的文字之一——甲骨文。玉器在商代的发展，足以和青铜器双峰对峙，堪称青铜文明的和声。商代身份和地位不同者，所享用服饰品类的质与量都有很大的差别。其中最能代表商代玉器制作水平的是河南安阳殷墟妇好墓、四川广汉三星堆和江西清江新干大洋洲，分别代表了黄河流域、四川盆地和长江流域玉器制作的最高水平。所使用的玉材有：河南独山玉、新疆和田玉、辽宁岫岩玉等，还有绿松石、孔雀石等。商代玉器品种较之夏代更为丰富，其中装饰品最盛有：环、璧、璜、珠、玦、镯、坠饰、串饰、箍、扳指、璇玑、人首形饰等，动物造型的饰品非常丰富。在造型与工艺上，商代纹饰造型极为丰富，异彩纷呈，有菱格纹、弦纹、折方纹、勾云纹、龙鳞纹等。纹饰的线型主要是双钩阴线纹，翘色技巧开始得到应用。商代圆雕器较少，具有代表性的是妇好墓出土的玉人。大量为扁平器，有剪影式的艺术风格。

周代之时，周王重礼，制定了很多极为详细的礼节和宗法制度，以及一整套规范的服饰制度，从此中国历代封建王朝服饰文化全部都建立在"礼"的基础上，一举一动、一切装束都要合乎"礼"的要求。西周早期玉佩饰的品种与雕琢特点与商代基本一致，西周崇尚凤鸟，佩饰件上出现大量的凤鸟纹饰。凤鸟被夸张变形，形象向图案化发展。走兽的形象则写实传神。西周后期纹饰布局渐趋繁复，以较流畅且富弹性的弧形线条为主。西周时期的玉材主要有和田玉和岫岩玉，还有少量的玛瑙、绿松石、水晶、汉白玉等。

第二节　典型苗饰及分类

夏商周时期的中国，人们使用的饰物有夏代的发笄、青铜耳环、串珠项链、胸前牌饰、臂筒、玉佩等，商代的发箍、冠饰、发笄、发钗、梳子、耳玦、项链、坠饰、玉佩、手镯、韘、脚镯等，以及周代的冕冠、假髻首饰（副、编、次、被）、发笄、掃、衡笄、珈、翠翘、梳、耳玦、充耳、耳坠、项链、腰带装饰配件、玉佩、玉覆面、玉、瑗、环、玦、璜、觽、韘、手串等。

其中，比较典型的首饰有夏代的大型绿松石龙形饰、镶嵌绿松石铜牌饰，商代的頍、鸟形发笄、坠饰、龙纹耳玦、金耳环、玉佩，以及周代的冕冠、龙纹耳玦、玉组佩、玉覆面、龙凤人物玉佩。

大型的绿松石龙形饰出土于二里头文化早期的一座贵族墓中，该墓主人的骨架上，由肩部至髋骨处斜放着一件大型的绿松石龙形饰（图 2-1）。该饰品的龙尾下，有一件绿松石条形饰。整条龙形饰总长 70.2 厘米，由两千余片各种形状的绿松石片组合而成，每片绿松石的大小为 0.2~0.9 厘米，厚度仅 0.1 厘米左右。它的特点是制作精良，绿松石用量巨大。

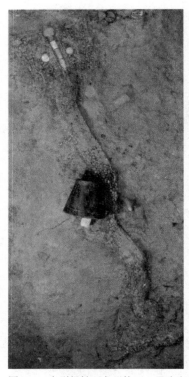

图 2-1　大型绿松石龙形饰（二里头文化）

夏朝时期，西北地区的先民已懂得利用黄金和白银加工成纯粹装饰品。在甘肃玉门火烧沟墓中出土的金、银鼻饰，是我国最早的人工金银饰品之一。

夏代的贵族十分注重前胸部位的装饰。通常的打扮是戴着纯粹由绿松石串成的项链。夏代贵族墓中曾出土过 200 余件绿松石管和绿松石片的小饰件，以及 17 颗绿松石组成的穿珠项链。1984 年出土的一件绿松石项链，石珠达 150 颗，较大的珠饰放在胸前，两边逐渐由大及小，排列有序。也有人佩戴绿松石与陶珠混穿的项链，或是纯粹由陶珠制成的项链，再就是贝壳串饰、骨珠或骨环制成的串饰。

绿松石片镶嵌制作的兽面纹铜牌饰是胸前较特别的一种饰品。出土的一面由 200 多块绿松石片镶嵌的兽面纹铜牌饰，图案组合精巧，背面黏附着麻布纹。拥有该牌饰的墓主人往往身份显赫，伴有铜爵同墓出土。这种极富特色的饰物对研究青铜镶嵌的起源和制作工艺也有特别重要的价值。（图 2-2）

頍是一种发箍和冠饰，古代人的发饰和冠饰有很多种，繁简不一。其中，古人那种用贝壳、玉或绳带、皮条等编在一起箍于发际，不使头发散乱的额带或发

图 2-2　兽面纹铜牌饰

箍，到了商代逐渐被做成固定的式样套在头上，称为"頍"。頍受到商代全民喜爱。其中，平民的頍式样相对简单，如在一圈固定的织物上缝制一些成组成对的蚌饰或铜铃，或者在前额的正中缀上一朵蚌花，在两鬓装饰些蚌泡，或者在髻上插笄，额头上的頍面上缀以骨或绿松石类饰物作为装饰。贵族多用頍来固定冠饰。古人戴冠，冠在头上很容易歪斜或掉下来，特别是那些高耸或有许多装饰物的冠更是如此。于是就用一种頍，先绕于额上，在脖子后面系好，再在阔带的四角用绳来固定冠饰使之稳固，所以也叫作"頍项"。（图2-3）

图2-3　戴頍项的小玉人

图2-4　形态各异的发笄

鸟形发笄源于古人对鸟与太阳的崇拜。古人交通不便，看到鸟儿在天上飞，春来秋往，自由自在，非常羡慕。商朝的建立传说是鸟的功劳。《诗经·商颂·玄鸟》："天命玄鸟，降而生商，宅殷土两茫。"这里的玄鸟是指一种黑色的燕子。仲春之时，有娀氏之女简狄和她的丈夫高辛氏到郊外求子，上天命令玄鸟降下一只鸟蛋，简狄吞食之后不久就生下了商朝的始祖"契"。玄鸟在商朝被认为是生育之神。以后春日玄鸟至而"会男女"的风俗一直流传了很久。到周代，鸟形发笄更加受人喜爱，成为必不可少的发笄式样。这样的发笄在商代妇好墓中发现了三十多件，式样大致相同。除了鸟形发笄以外还有高冠鸟形发笄、夔纹发笄、伞形发笄、羊字形发笄、鱼形发笄等。与周代的鸟形发笄相比，商代的较为简单，以上几种发笄是商周时期最典型的发饰。（图2-4）

龙纹耳玦在原始社会就已经流行于中国各地。商代以前，耳玦大多素面无纹，商代以后，耳玦多雕有纹饰。龙纹耳玦出土于殷墟，形状似卷龙，与新石器时代的红山文化一脉相承。红山文化的龙形玦多为圆雕，有的缺口并未完全打开，环形的背上多有小孔可随身佩戴。到了商代，殷人把古人立体的龙形玦做成平板的样式，并用独特的阴刻技法勾画出纹饰，作为耳饰或配饰来戴，成为商代极富特色的饰物之一。殷墟妇好墓就出土有精美的龙纹耳玦。（图2-5）

图2-5　圆雕式龙纹耳玦

金属耳环最早出现在新石器时代，较为广泛地出现于商代墓葬之中。金属耳环多见于辽宁、河北两省，应属于北方草原民族的饰物，大的直径可以达到 12 厘米，可以作为手镯或项圈使用，小的直径在 4~5 厘米，一般作为耳环使用。另外，还有一种很特别的喇叭状耳饰，曾在北京平谷刘家河商代中期墓与笄等一起出土过。典型的喇叭状耳饰，是将耳环的一端压扁成喇叭口，另一端尖锐便于穿戴，长约 8 厘米，在中国北方比较流行。（图 2-6）

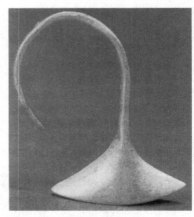

图 2-6　金耳环

韘初见于商代，流行于战国至西汉，但到后期原先的功用逐渐弱化，其演变为一种装饰品。如图 2-7 所示的玉兽面纹韘，高 3.2cm，直径 2.8cm。韘有黄褐色沁，圆筒形，上口斜，下口平。正面凸雕饕餮纹，鼻两侧各有一穿孔，背面近下口处有一凹槽。《说文解字》曰："韘，射也"，说明此器为骑射之具。穿孔可用来系绳，缚于腕部，用时套于拇指上，张弓时，将弓弦嵌入背面的深槽，以防勒伤拇指。

图 2-7　玉兽面纹韘

玉环最早见于新石器时代，至商代仍有延续。近年来根据考古发掘，始知它是戴在手腕上的饰物。

玉佩是一种商代的贵族和平民百姓都非常喜爱的装饰品，式样丰富，制作材料多样。从样式上看，商代玉佩的特点是造型丰富的动物。如图 2-8 所示的一件极其珍贵的高冠玉鸟形佩，高 9cm，宽 4cm，厚 0.6cm。玉为青色，通体红色沁。器呈片状，两面稍凸。主要采用双钩阴线技法雕琢，两面纹饰相同。此玉鸟头顶高冠，额下有五个出戟，勾嘴，双目"臣"字形。冠的两侧各阴刻一铭文似为"牧""侯"两字。玉鸟始见于新石器时代，商代较为流行并一直延续至清代。高冠是殷商时期玉鸟常见的装饰风格。

商代动物玉佩种类极多，仅殷墟妇好墓出土的就有虎、熊、象、马、牛、羊、犬、猴、兔、凤、鹤、鹰、鸱鸮（猫头鹰一类鸟）、鹦鹉、旦、鸽、鸬鹚（一种俗称"鱼鹰"的水鸟）、燕、鹅、鱼、龟、蛙、蝉、螳螂和一些怪禽形状的，都非常精美。玉佩多数

图 2-8　高冠玉鸟形佩

钻有小孔以便于佩戴。其中，鱼形饰是商代玉饰品中发现的较早的动物形象，鱼的主要部位用阴线刻出，鱼身无鳞纹，上有穿孔可以佩戴。小玉人饰的样式也比较丰富，玉人造型各异，有的形象朴实，有的怪诞，部分有小孔可以佩戴。此外，还有一些形象较简单的。1984 年在殷墟戚家庄一座墓中，发现了墓主的胸前有骨管、玉虎、玉璜、玉螳螂和柄形饰等。商代的平民墓中，有的成年男子佩一串由玉珠、玛瑙珠和蚌片串成的项链，足端还有穿孔花骨饰物；有的青年男子佩有每串 10 枚的两串贝饰；一些儿童，颈部戴有玉珠、玉鱼等饰件。从这里我们也能看到商代明显的阶级差别。

从材质上看，商代玉佩材料有来自新疆的和田玉、陕西西安的蓝田玉、辽宁的岫岩玉、河南南阳的独山玉等，还包括松石、玛瑙、水晶、孔雀石等。商代早期的玉料一般多出自玉佩出土地附近。商晚期，除去本地自产的玉料以外，还有产自遥远的辽宁的岫岩玉、新疆的和田玉。商代贵族认为和田玉是最好的玉料。

从工艺上看，新石器时代就已经有了相当高级的玉石加工工具，人们也懂得用水、沙粒磨制玉器，使其更加圆润光滑。商代晚期，玉器工匠们已经很好地掌握了开料、切削、雕刻、磨制、钻孔、抛光等技术。有时还能根据玉料本身色彩的不同在雕琢器物时巧妙地运用"俏色"，使玉饰超出原有的材质表现力。

冕冠是指有一定礼仪的帽子。周朝部分沿用商朝冠的样式，略有不同。周朝的男子成年时要行"冠礼"，戴冠是贵族男孩子成年的标志。周朝的"冕冠"是帝王和具有高贵身份者所特有的。《说文解字》中解释"冕"为："大夫以上冠也。邃延垂鎏統纩。"意思是：士大夫以上所戴的冠，指的是长长的木板上挂着成串玉珠组成的流苏。其中，"邃"的意思是深远，"延"是指冠顶部的一块方形木板，两字合在一起是指形状呈长方形的冕板。它一般是前圆后方，用以象征天地。宇宙中的"天"能日夜周而复始，故为"圆"；"地"能够承载养育万物，故为"方"。前低后高象征俯伏谦逊。"鎏"又写作"旒"，是指在冕板的前沿挂着一串串圆形玉珠，这些小珠串的长度正好挡住了人的视线，意思是提醒戴冠者不必去看那些不该看的东西，对下属应"视而不见"。在冕冠的两侧又各有孔，用来穿插玉笄，以便将冕冠与发髻结合固定在一起。同时，在笄的一端系上一根红色丝绳从下颌绕过，再系于笄的另一端，使冕冠更加稳固。两耳的地方各垂下一颗由丝线所系的蚕豆般的黄色珠玉，走路时晃晃悠悠，提醒戴冠者不要随意听信谗言。（图 2-9）

图 2-9　冕冠

组佩是西周时期玉器佩戴的新形式，即将许多种不同的玉器组合起来佩戴，主要有玉璜、玉瑗及珠等。用丝线将各种玉佩连缀起来，佩戴在身上。组佩中最重要的是玉璜，在其中起平衡作用，另有玛瑙或绿松石珠负责连缀。因为西周重礼仪规范，所以不同地位和身份的人需要佩戴不同规格的组佩。（图 2-10）

龙凤玉佩是中国从古至今最为多见的玉器配饰，龙纹是我国古代最常见的图案。迄今发现最早的玉龙，是 1971 年内蒙古赤峰市博物馆从三星他拉村征集的青玉大龙，呈"C"字形，是红山文化的典型玉器，被誉为"中华第一玉龙"。龙是中华民族的象征，是国家、帝王以及男性阳刚的象征，也是植根于炎黄子孙心底最深处的吉祥物。（图 2-11）

图 2-10　玉组佩

图 2-11　龙凤玉佩

第三节　制作工艺

夏商周时期的典型制作工艺有青铜工艺和失蜡浇铸工艺。

首先，介绍青铜工艺。青铜是铜与其他化学元素的合金，青铜器是用这种合金制作的器物。青铜主要为铜锡合金或铜铅合金。青铜合金不仅熔点低、硬度大而且耐用。青铜工艺经历了从冷煅发展到熔铸，从熔铸发展到分铸与焊接等不同阶段。最早的冷煅阶段主要是制作一些简单的器形。熔铸的早期多为一模一范器。所谓模，就是先用泥巴制作某一器物的样子。范分为内范和外范，内范为器物内壁的形状，外范为器物的外壁形状，内范与外范之间的空隙，就是青铜器，其距离就是青铜器的厚度。在内、外范合范时，常设有子母扣以防止错位。对一些器形复杂且附件较突出的器物，则采用分铸法分几部分铸造，然后焊接合成。

其次，介绍失蜡浇铸工艺。春秋晚期和战国时期，先民们发明了失蜡法铸造青铜器。由于蜡易于塑造，可以先用其制作出十分精美的器物模型，然后用陶泥外敷制成模具，最后将金属烧熔后浇到模具内，等金属凝固后就可以敲碎模具，取出物品再精细加工。这种先进的失蜡法在现代精密金属工艺中还被广泛采用。

 思考题

简述青铜器的特点以及成型工艺。

第三章　春秋战国时期的首饰

第一节　时代背景

　　春秋战国时期的最大特点是周王室失去了权威，社会动荡。从春秋五霸相继称雄，到战国七雄合纵连横，战乱连连，表现在文化上就是"礼崩乐坏"。但也就是在这个动乱纷争的年代，儒家学说主导了对玉器的使用规范，从而形成了完整系统的玉器文化，即"德玉"文化。艺术风格细腻精美，在突出玉器礼仪功能的基础上，更重视其装饰性和审美性，成为这一时期的主流。

　　春秋时的玉器史是承前启后的演变时代，出现了成对器物，布局讲究对称，纹饰在西周互相勾连的基础上，开始卷曲相连，长线条的运用已趋于成熟，器物表面纹饰繁密，几乎不留空间。大量运用卷云纹、勾云纹、S形纹等纹样。

　　春秋战国时期的齐国出现了中国第一部工艺专著《考工记》，它总结了前代各种工艺制作的经验，提出了"天有时，地有气，材有美，工有巧。合此四者，然后可以为良"的观点，成为以后工艺品制作的一个重要标准。在这个以战争为主的年代里，男子的首饰种类和数量占有重要地位，到处都显示出一种阳刚之美。

第二节　典型首饰及分类

　　春秋战国时期，人们佩戴的首饰主要有冠饰、发笄、珥、耳环、项链、手串、手镯、玉佩、珩、琚、瑀、牙、带钩等。其中，典型首饰有獬豸冠、牛角冠、通天冠、皮弁冠、嵌绿松石耳坠、战国金链舞女玉佩、战国琉璃珠以及包金镶玉银带钩。

　　春秋战国时，诸侯争雄，霸主们为显示自己而标新立异，追求时髦新奇是当时服饰的一个显著特征。

獬豸冠是楚王用一种称为獬豸兽的角制成执法者所戴的冠。传说獬豸兽是一种类似羊的怪兽。据《异物志》记载，獬豸兽能辨别是非曲直，"见人斗，即以角触不直者；闻人争，即以口咬不正者"。獬豸冠含有"公正"的意思，让执法者能够公正地辨明是非。据《淮南子》记述，楚王喜爱戴这种冠，并使之在楚国流行一时。秦灭楚后，秦王把此冠赏赐给近臣、御史。（图3-1）

图3-1　獬豸冠

"美"在甲骨文造字之初，意为以牛羊等动物的兽角佩戴头部极富有美感。因而，在河北平山三汲战国墓出土了头戴牛角冠的玉石人物俑（图3-2），在河南信阳长台关楚墓出土了"工"字状的冠，造型灵感极有可能出自鸟类的头冠羽毛。

通天冠，也称高山冠，古代中国冠饰之一。通天冠是级位仅次于冕冠的冠帽，其形如山，正面直竖，以铁为冠梁，是皇帝戴的一种帽子。《后汉书·舆服下》："通天冠，高九寸，正竖，顶少邪（斜）却，乃直下为铁卷梁，前有山，展筒为述，乘舆所常服。"公元前221年秦始皇建立秦王朝后，为巩固统一，相继建立了各项制度，包括衣冠服制。秦始皇常服通天冠。（图3-3）

图3-2　头戴牛角形冠的小玉人

皮弁：以皮革为冠衣，冠上有饰物，一般是皮革缝隙之间缀有珠玉宝石。皮弁为军戎田猎的服饰首服，比如天子、公卿、大夫行大射礼于辟雍时，执事者均戴白鹿皮所做的皮弁。按《仪礼·士冠礼》的三加，初加缁布冠，象征将涉入治理人事的事务，即拥有人治权；再加皮弁，象征入朝之贤，即望其拥有入朝治理之才；三加爵弁，拥有祭祀权，即为社会地位的最高层次。（图3-4）

图3-3　通天冠

春秋战国时期穿耳仍然流行。甘肃礼县春秋时

图3-4　皮弁冠

代穿有耳孔的彩绘人形灰陶瓶，是这种古风俗的证明。长耳坠类耳饰多见于北方草原民族地区，是北方民族耳饰中装饰性较强的一种。1978 年在河北易县燕下都出土的战国晚期燕国王室贵族妇女佩戴的一对金耳坠，是由金丝弯成圆环并用三组金丝包嵌着绿松石和玉珠。1992 年山东临淄商王村墓地出土的一对战国晚期的金耳饰，由金丝、金环、金片、绿松石和珍珠及骨牙串珠等组成，造型复杂、工艺精巧，使用了很多不同的材料。

图 3-5　玉镂雕龙形佩

春秋战国时期的玉佩风格主要受到地域和时期的较大影响。如图 3-5 所示玉镂雕龙形佩据考证约为战国晚期佩饰。玉佩整体长 21.4cm，宽 10.9cm，厚 0.9cm，呈青色，带有深浅不同的灰白和褐色沁斑。佩体片状，形态为龙张口回首，龙身两面满饰谷纹，尾上雕一大鸟，龙头内外侧及尾部又各凸雕一小鸟。龙身中部有一圆形钻孔，用于佩戴。此种龙形佩是战国时期特有的造型，手法夸张，图纹精美，线条卷曲相连，浑然一体。

春秋早期，贵族服饰主要继承了西周的传统，项链和胸饰精美华丽，象征富贵。而在河南洛阳金村发现的玉舞人组佩，则具有完全不同的特色。春秋战国时期有专门从事歌舞乐的年

图 3-6　金链舞女玉佩

轻女子，她们能歌善舞，活动在上层社会，衣着十分讲究。如图 3-6 所示的金链舞女玉佩就是最有表性的舞女服饰，20 世纪 20 年代出土于河南省洛阳金村，是战国早期的双人舞玉饰。玉佩表现的两个舞者，她们一手高举及顶，一手下垂，惟妙惟肖。组佩用黄金绳贯穿，再现了战国时代长袖舞女优雅的舞蹈造型。

春秋战国时期的串饰常用玉、玛瑙、绿松石，也有以水晶或琉璃珠制成的项链。水晶在古代也称作"水精""水玉"。较早的水晶饰品，有山东淄博临淄郎家庄东周墓出土的无色水晶和紫水晶制成的串珠、河北邯郸百家村出土的战国时期的水晶项链、湖南长沙战国墓出土的水晶饰品等。这些水晶饰品大都无色透明，为贵族阶层所拥有。

在古代的墓葬和遗址中，发现了西周和春秋战国时期的琉璃器约两千多件，其中有许多都是用来做项链的。这些美丽的琉璃珠，形状有圆形、扁圆形、多角形、管状和管状多角形等，成串的琉璃珠饰也多有见到。

战国琉璃珠多以陶坯为胎，用有色玻璃粉绘成图案，再入窑烧制，色彩灿烂。战国琉璃珠的釉成分

主要是石英，稍有些小泡。琉璃珠以淡绿和淡蓝色为主，为铅、钡和硅酸盐的混合物，纹饰也很丰富。考古发现年代最早、数量最多的是一种叫作"蜻蜓眼"的琉璃珠。这种琉璃珠上一组组的同心圆纹饰像是蜻蜓的眼睛凸出在珠子的表面，同心圆数量从二、三到八、九个都有。圆圈的颜色也多为蓝白相间，也有棕色和绿色。也有一些外国学者指出，"蜻蜓眼"是由公元前 7 世纪之前的腓尼基人生产的，西方称之为"眼珠"，用于辟邪。（图 3-7）

图 3-7　琉璃珠　　　　　　　　　　　　　　　　　　图 3-8　包金镶玉银带钩

　　带钩是指扎于腰间皮带两端的钩环之物，起连接皮带的作用。战国时期，带钩的造型多做成兽形，材质是金、玉、银混合，反映出当时高超的加工工艺。如图 3-8 所示的包金镶玉银带钩出土于河南辉县固围村，长 18.7 厘米，宽 4.9 厘米，由白银制造，通体鎏金。包金镶玉银带钩的前后两端都浮雕有兽首形象，另外左右两侧还浮雕有盘曲逶迤的长尾鸟作为装饰。钩身正面镶嵌有白玉玦 3 枚，玉玦中心还各镶有一粒半球形琉璃彩珠。钩身前端镶入用白玉琢成的大雁头形弯钩，作为钩首以连接衣带。

第三节　制作工艺

　　春秋战国时期对金的运用方法更加成熟，典型工艺有包金和鎏金。

　　包金是指通过机械力碾压或高温熔接，将金或银包覆于胎体上，再以锤敲打密实，使凹凸纹理一如胎体表面即成。一般多用于较大的饰物，如包金戒指、包金手镯等。包金首饰的贵金属量和贵金属的纯度用 1/10 14K 表示时，分数是指金箔厚度与胎体的厚度之比，而金箔的纯度为 14K 金；用 14KF 表示的是该饰物包有 14K 金，它表层的贵金属厚度则已有行业标准作了规定。

　　美国生产的包金首饰必须注明其特性及 K 金所占比例，譬如 1/10.14K.GF 型即包 14K 黄金材料的首饰，它的包金量须占整个首饰重量的十分之一，否则便是不合格。倘若包金材料采用 10K 以下的黄金或者包金重量不到整个首饰重量的二十分之一则不属于使用"包金"工艺，也不能称之为包金首饰。

鎏金是一种战国中期就已开始掌握的古老的传统工艺。鎏金工艺主要是先将金和水银（汞）合成金汞漆，然后把金汞漆按图案或要求涂抹在器物上，再进行烘烤，使汞蒸发掉，使金牢固地附在器物的表面。根据需要可以分几次涂抹金汞漆，以增加鎏金的工艺效果。器物上的鎏金很牢固，不易脱落。

金银错是我国古代金属加工装饰工艺当中非常炫彩夺目的一种技法。金银错多被称作"错金银"，始见于商周时代的青铜器，主要用于青铜器的各种器皿、车马器具及兵器等实用器物上的装饰图案，到了春秋中晚期开始兴盛。随后在历史发展的长河当中，金银错又被融合和运用到了许多传统工艺当中，可谓冠绝群雄。

 思考题

结合时代背景，谈谈战国琉璃珠的工艺及作用。

第四章 秦汉时期的首饰

第一节 时代背景

公元前 221 年秦王朝建立，首次完成了真正意义上的中国统一。秦朝二世而亡，在经过短暂的分裂之后，汉朝继之而起，并基本延续秦的制度，史称"汉承秦制"。秦汉时期是中国历史上第一个大统一时期，奠定了统一多民族国家的基础。

秦汉时期，国家兴旺，人民富足，科技得到了长足进步。两汉时发明了高炉炼铁和炒钢技术，东汉时已经能烧制出成熟的青瓷，西汉出现了麻织技术。秦汉时期的文化丰富多彩，富商和舞女开始使用铜镜整理容颜，从市场上购买珠宝打扮，出现了壁画、帛画、木刻画、木版画、画像石和画像砖等丰富多彩的绘画门类。印度和波斯的西域文化以丝绸贸易为媒介传入中国，促进了中国佛教的兴盛和礼乐文化的发展。

第二节 典型首饰及分类

秦汉时期人们佩戴的首饰有冕冠、发簪、擿、发钗、三子钗、镊子、胜、步摇、山题、珥珰、串珠、臂钏、臂筒、手镯、约指、指甲套、玉佩、玉组佩、韘形佩、觽、玉人翁仲、刚卯、严卯、司南佩、带钩、带扣、项链等。

典型首饰有发簪、步摇、明月珰、蚀花石髓珠、玉舞人配饰、指甲套、异形璧、金鹰匈奴王冠、金牌饰、铜牌饰、镶嵌红宝石金戒指等。

笄而加饰称为簪。中国古代，男女全都蓄发，束发器具格外讲究。男子主要关注束发的巾帻与冠饰，女子则关注发型和头饰。女子发饰的种类、材质、形式多种多样。玉簪是发簪中最为贵重的种类之一。

河北满城西汉中山靖王刘胜墓出土了一支玉簪，又叫"玉搔头"，整体呈现乳白色，首部透雕着凤与卷云纹，末端刻鱼首，有圆孔可以悬挂坠饰（图4-1）。《西京杂记》中记述了它的来历：一天，汉武帝到他所宠爱的舞伎李夫人宫中，忽然头皮发痒，便随手拿起李夫人头上的玉簪搔头。此后，宫中嫔妃纷纷仿效，以玉制簪。宋代李邴在《宫中词》中说："舞袖何年络臂韝，蛛丝网断玉搔头。"

图4-1 玉簪

"步摇"的名字最早见于传为西汉宋玉所作的《风赋》："主人之女，垂珠步摇。""垂珠"是早期步摇最重要的特征，指的是挂坠在簪上，随着佩戴者一步一摇的小珠子。东汉时，中原地区贵妇使用的步摇饰更加华丽，有"八爵九华"的说法。爵为雀，华为花。汉代皇后拜庙祭祀，所戴步摇有一个山形的基座，配以串了珠子的金丝或银丝宛转屈曲成橡树枝状的花枝，有的缀以花形饰或鸟雀禽兽等，步行时金枝、爵华随着摇摆。《后汉书·舆服志》中描述的步摇装饰着六种神兽，其中有"天鹿""辟邪""丰大特"等几种神话传说中的动物。据推测，这些神兽除了装饰的作用外，还可以祛邪。东汉晚期，步摇同假髻合为一体，成为假髻的组成部分。汉武帝时尊凤，步摇等发饰常装饰有凤鸟。这是因为汉高祖刘邦遵从楚国风俗，而楚人崇拜凤鸟，有"三年不鸣，一鸣惊人"的说法。（图4-2）

图4-2 步摇

珰或珥珰，最早出现在新石器时代，有几千年的历史，是用玉、玛瑙、水晶、大理石、金、银、铜、琉璃、骨、象牙、木等材料做成的耳饰。珰主要分为两种，一种是不穿耳佩戴的，另一种是穿耳佩戴的。其中，前者中系于簪子，再穿插于发髻的叫"珥"。它一般以玉制成，因与簪连为一体，又叫"簪珥"；用绳系着挂在耳朵上的叫作"悬珥"，或者"瑱"。这两种多用于皇后嫔妃。后者多为腰鼓形，需要在耳朵上穿一个大洞才能佩戴，一般是普通妇女佩戴，至今仍为中国的苗族、傣族等少数民族地区的女性所使用。珰除了装饰的作用外，还有提醒不要听信妄言的寓意。《史记·外戚世家》：汉武帝"谴责钩弋夫人，夫人脱簪珥叩头"，说的就是恭听皇帝的训话前要把珥珰摘下来，表示洗耳恭听。

"明月珰"是琉璃质珥珰，以其色彩缤纷、晶莹剔透、宛如月光而得名，深受当时妇女的喜爱。《汉

书·西域传》注中说"琉璃色泽光润，逾于众玉"，指出了明月珰的材质比玉还美。（图4-3）

图4-3　明月珰

　　蚀花石髓珠是将花纹蚀刻到石质或者玛瑙的珠子上制成的。这种蚀刻方法叫作蚀花工艺，是一种在珠子表面蚀刻纹饰的化学方法。具体方法是：先制作蚀刻液，通常是用一种野生植物的茎加上石碱制成，然后将其作为墨水，用笔将花纹描绘在磨光的石髓珠上，最后用浸蚀和热处理方法将花纹固定。此类蚀花工艺的产生有两种说法：一是本地说，滇国墓地的蚀花珠可能是本地制造的；二是外来说，蚀花工艺最早出现在东南亚一带，包括巴基斯坦信德省的萨温城、印度的德里和康本拜，以及伊朗、伊拉克等地。蚀花石髓珠在现代藏饰中又叫"天珠"。在云南晋宁石寨山出土了十六件一组的玛瑙珠管中有一颗玛瑙蚀花珠；在李家山墓地也出土了一件东汉时的蚀花石髓珠；在新疆和田、沙雅及藏族地区也发现过类似的蚀花石珠。（图4-4）

图4-4　蚀花石髓珠

　　汉代金属工艺非凡，玉器也不遑多让。玉舞人配饰出土于河北满城二号西汉皇后墓，是胸部玉衣处的装饰物。玉舞人以白玉雕成，上下各有一个圆形小孔，阴线刻饰细部，两面纹饰相同。还有一件玉舞人饰品出土于广州市象岗西汉末南越王墓中右夫人墓，属于一套七件的玉佩饰，其形象是秦汉时期的一种长袖舞者。出土于陕西西安三桥镇西南西汉墓的玉舞人佩，属于一套七件的玉佩，也是上下有孔，阴刻细线。此外，还有一件双人舞的玉佩，出土于西安东郊动物园北西汉窦氏墓，一人左臂绕头，另一人左右手均牵住，两人一起舞蹈。玉舞人配主要用于皇家妇人，是汉代玉饰的代表，也是汉代特色。（图4-5）

　　指甲套也叫"护指"，除了装饰以外还有两个作用：一是保护蓄留的长指甲；二是一种射箭的辅助用具。指甲套的材料有竹管、芦苇

图4-5　玉舞人佩饰

以及金银宝石。早期的指甲套，如内蒙古准格尔旗战国墓出土的以金片叠压后卷曲而成的指甲套。吉林省博物馆陈列的一对指甲套，采用一块极薄的金片，按指甲的长短裁剪，可根据指甲大小调节弯曲成甲片，再扭曲成螺旋状，用于射箭。清代慈禧太后也佩戴过，主要用于保护指甲。

异形璧是一类非传统形状的玉璧的统称。如出土于河北满城一号汉墓的西汉双龙纹异形璧，在传统的圆环形上增加了一对龙形纹饰，是最早打破礼玉传统的饰品。（图4-6）

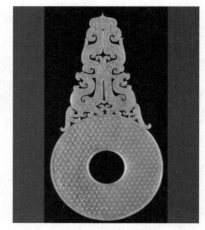

图4-6 双龙纹异形璧

出土于广州市象岗山西汉末南越王墓的透雕龙凤涡纹玉璧，逐渐转为以其他纹样为主，内藏圆环形。汉代玉璧的纹饰、造型和风格突破了以往的传统，采用浮雕、透雕、阴刻等工艺以及在圆形璧外出廓透雕等新雕琢法，增强了玉璧的装饰效果和立体感。如东汉时期的玉镂雕谷纹"长乐"璧，高18.6cm，外径12.5cm，孔径2.6cm，厚0.5cm，呈青绿色，有红紫色沁斑，材质为和田玉。璧玉形体扁圆，上部有出廓，两面雕谷粒纹，内外缘各饰凸弦纹一周。出廓部分正中镂刻"长乐"二字，字体圆润浑厚。字两侧对称透雕独角螭龙，两螭龙嘴部分别吻"长"字的两侧，以阴线饰龙身和身上之勾云纹，螭龙躯体翻卷有致，身下饰卷云纹。（图4-7）

图4-7 玉镂雕谷纹"长乐"璧

除此之外，许多东汉时期的"宜子孙璧"，带有"宜子孙"等汉代流行的吉祥祝词，象征着祝福后代兴旺、延绵不断。清代还有"长乐""益寿"等吉祥语的玉璧。

汉代玉佩也非常具有代表性。目前已知的早期玉韘为商代作品，其形呈筒状，外饰兽面纹，且有一道横向的凹槽，有套于手指扣弦拉弓的功能，又有佩带于身的装饰作用。战国时期，玉韘变短，外带勾榫，成为纯粹的佩玉，这时还出现了环片状作品。西汉时期，玉韘发展为透雕片状，花纹图案日趋复杂，其上多有动物形装饰。东汉时，又演变出透雕长条形韘形佩。如图4-8所示的玉夔纹韘形佩是东汉玉韘的代表作品，长

图4-8 汉代玉夔纹韘形佩

12.3cm，宽3.6cm。玉为暗白色，片状，弧形，较璜的弧度小，上部有尖锋，其外饰有透雕的夔纹，中部有小孔，其外的透雕装饰是从夔凤图案演化而成的非动物形图案。

　　汉代的带钩工艺较为复杂。如东汉的错金银"丙午神钩"铜带钩，出土于吉林省榆树市刘家乡。带钩长15.7厘米，首部似鹰，眼窝嵌两颗黑色玉石珠，前额嵌一绿松石，羽用金银丝错成。钩身作鸟喙神人，眼窝嵌蓝色宝石，额镶一滴水状绿松石，双手抱鱼，作吞食状。鱼身通体以金丝填成鳞片，体侧嵌二银片，似滴水状。鱼置于"神人"怀中，能活动而不脱出。尾部作飞鸟，口含一蓝色宝石；双足、双翅卷曲向后成环形。背面中部有一凸起的圆钮，钮面错银，作卷云状，中心嵌一红宝石。上部腹面错金铭文"丙午神钩，君必高迁"八字。下部饰飞凤，头足错金，翅、尾和体部错银。造型优美，铸工精巧。加之通体错金银，镶嵌宝石，是一件十分罕见的珍贵工艺品。（图4-9）

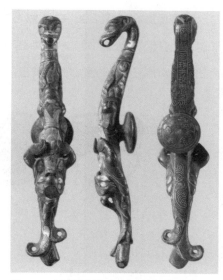

图4-9　东汉错金银"丙午神钩"铜带钩

　　金鹰匈奴王冠是匈奴可汗的头饰，出土于内蒙古杭锦旗阿鲁柴登战国墓，是迄今最为珍贵的匈奴饰品之一（图4-10）。鹰形冠顶为半球形，上面凸起着四狼噬四羊浮雕图案，冠顶有一只圆雕的雄鹰展翅欲飞。鹰的头颈、嘴和眼睛均用绿松石镶嵌，展翅翱翔的雄鹰俯视群狼捕食羊。冠带由两条半圆金带组成，两端浮雕狼和羊，属于黄金镶嵌工艺。

图4-10　金鹰匈奴王冠

　　匈奴牌饰多出土于内蒙古鄂尔多斯草原及其邻近地区，主题内容主要为动物，按工艺可分为浮雕、透雕和圆雕三类，按形象可分为家畜、野生动物两类，按材质有金、银、铜、铁四种。阿鲁柴登出土的"虎牛纹金饰牌"，属于金质浮雕野生动物形象为主的牌饰，据传是匈奴王的遗物。"驼虎咬斗铜牌"出土于内蒙古赤峰市巴林左旗，属于铜质透雕野生动物形象为主的牌饰。虎咬动物的形象是匈奴人的特色，工艺上以透雕为主，也有部分浮雕。（图4-11）

图4-11　虎兽咬斗金饰牌（典型的匈奴饰牌）

西域民族的戒指以金、铜为主，也有部分皮质指环，尤其以镶嵌宝石的戒指最具特点。如三枚出土于尉犁县营盘墓地的戒指，戒面为圆形，镶嵌有白色宝石；出土于伊犁哈萨克自治州昭苏县波马古墓、尼勒克县别特巴斯陶古墓群的金戒指，镶嵌了红宝石。（图4-12）

图4-12　镶宝石金戒指

第三节　制作工艺

秦汉时期与西域的联系大大加强，代表当时制作水平的既有本土的漆器工艺，也有中西结合的蚀花工艺。

漆器工艺是中国土生土长的先进技术。漆器制作的程序繁复，可以简单分为制胎与涂装两个步骤，制胎是制作未来的器形，而涂装则是雕漆或漆绘的装饰表现。所谓的"胎体"，即被天然漆所依附涂抹的本体。胎体种类多样，如木胎、竹篾胎、藤胎、布胎（又称夹纻或脱胎）、皮胎、金属胎、陶瓷胎、纸胎，也有利用尿素树脂成形的塑胶胎等，也就是说广义上只要胎体表面髹上漆者均可称为漆器。制胎完成以后，便进行漆艺的涂装工作。

漆来自自然界的漆树，从树上割取出来的漆液呈乳白色，通称为生漆。漆液因为黏着性强，不仅有粘连、加固功能，并且能在空气中干固成薄膜，质地坚硬、能耐酸碱，能经受200℃~260℃的温度，不易剥离，不怕水，不怕细菌侵蚀，因而能保护器物不被破坏，唯一的缺点是硬度不高，容易有刮痕。漆还是良好的绝缘体。漆液产生的薄膜光滑细腻，且在漆中加入各种色料，能拿来在器物表面作图示或绘画纹饰以美化器物。

漆树产自中国本土。漆是世界上最早的塑料，起源于中国。中国漆器工艺后流传出去，深刻地影响了东亚和东南亚的漆器工艺。

蚀花工艺是汉代的一种人工化学腐蚀的工艺方法，其制作方法是将一种野生植物的嫩茎和石碱捣碎成溶液，然后用笔蘸着这种溶液将花纹描绘在已经磨光的石髓珠上，之后再进行热处理，使溶液侵蚀在珠子纹饰中，取出后用粗布一擦，便能得到各种式样的蚀花工艺珠。

　　现代的金属蚀刻延续和发展了蚀花工艺，除了湿蚀刻外还产生了干蚀刻技术，经过不断改良和工艺设备发展，广泛用于航空、机械、化学工业中电子薄片零件精密金属蚀刻产品的加工。

 思考题

论述少数民族首饰和汉族首饰的异同。

第五章 三国两晋南北朝时期的首饰

第一节 时代背景

三国两晋南北朝是中国历史上政权更迭频繁的时期。长期的封建割据和连绵不断的战争，使这一时期中国文化的发展受到特别的影响，打破了之前制定的"礼制"。经济上，商品经济总体水平较低，但南北经济趋于平衡，手工业也有长足发展，青瓷、蜀锦等闻名遐迩。文化上，科学技术成就突出，思想界异常活跃，出现了民族融合。宗教方面，道教系统化，佛教和反佛斗争激烈，佛儒道三教开始出现合流，文学、绘画、石窟艺术等都打上了佛教的烙印。

这一时期的首饰艺术融汇了多民族的风格，使用的贵重材质包括玉、金银以及由西域传入中国的名贵宝石等，服饰也更加华美。在首饰的造型上，西域风格隐见，一些佛像饰物和作为佛家象征的莲花、忍冬等植物花卉图案逐渐成为突出题材。玉器延续了东汉的特点，但工艺转向新领域，战争使得首饰制作从业人员大大减少，首饰做工大多简略朴素。

第二节 典型首饰及分类

三国两晋南北朝时期，人们在生活中使用的首饰主要有梳子、步摇冠、发簪、发钗、拨、花钿、通天冠、金博山、金珰、璎珞、项链、指环、铃铛、蹀躞带、手镯、戒指、腰饰牌等。

典型首饰有花钿、步摇冠、马头鹿角金冠、牛头鹿角金冠、金珰、璎珞、金奔马项链、掐丝镶嵌银铃铛、九环白玉蹀躞带、金龙项链、金戒指等。

花钿是古时妇女脸上的一种花饰，主要用金银珠翠和宝石等制成。按照固定方式，可以分为两种：一种是在花钿背面装有钗梁，使用时可以直接插在头发上，如南京北郊东晋墓出土的一件金花钿，由六片鸡心形花瓣组成，每片花瓣上镶有金栗，花蕊背面缀有一根小棒状物用以插在头发上；另一种是花钿的背后没有棒状物，在花蕊部分留有小孔，用时以簪固定在头发上，如湖南长沙市东郊晋墓就出土过这种金钿，位置在女性头骨附近。镶嵌宝石的花钿极为精美，如 1981 年在山西太原市北齐墓出土的金饰，残长 15 厘米，先在金片上用压印和镂刻做出花底，再镶嵌珍珠、玛瑙、蓝宝石、绿松石、贝睿和琉璃等，美轮美奂。（图 5-1、图 5-2）

图 5-1　镶嵌宝石的花钿　　　图 5-2　金箔花钿

　　步摇冠是晋代鲜卑族的特色饰品。实物中最精美完整的步摇冠，出土于辽宁北票房身二号前燕墓，高 13 厘米，宽 14 厘米，形象是凤鸟尾缀饰金叶。内蒙古达尔罕茂明联合旗西河子乡出土了五件金饰，其中四件为枫枝状，每根"树枝"的尽头各卷成一个小环，上面悬有一片金叶。其中，马头角金步摇冠，因饰件上的桃形叶片是活动的，随着佩戴者脚步的移动，叶片会摇摆发出声响而得名，高约 16.2 厘米，重约 70 克，头部具有马头特征，竖耳，头顶连接枝状鹿角，马的双眼、双耳及鹿角等部位镶嵌红白石料，边缘饰鱼子纹，是公元 6 世纪南北朝时期鲜卑族贵妇所特有的头饰，具有辟邪和祥瑞的作用。（图 5-3）

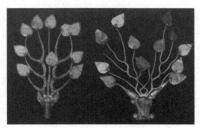

图 5-3　马头鹿角金冠饰、牛头鹿角金冠饰

　　金珰是冠饰前面的牌饰，与"金博山"或"金颜"比较相似，是冠前高高突起的牌饰，就是山形饰。古人在冠前用山形作为装饰，隐含着戴冠之人要像山一般稳重与持重，遇事镇定如山，当时皇后冠前的"山题"，也有同样的寓意。同时，通天冠前部高起的金博山上，装饰着一种昆虫"蝉"的纹饰，即史料中所记述的"附蝉"。装饰着蝉的形象或以蝉形饰冠，也是秦汉时期形成的制度，用以提醒戴冠之人高洁清虚、识时而动。"蝉"在中国古代被认为是"居高食洁""清虚识变"的昆虫。（图 5-4）

图 5-4　金珰

　　"璎珞"，有时也称"华鬘"，据说是印度佛像颈间的一

种装饰（图5-5），通过佛教传入人们的日常生活中，成为一种妇女的项饰。两晋南北朝时，佩戴璎珞者极为少见，唐代时璎珞的使用才达到一个高峰。魏晋南北朝时期，人们崇尚清高雅致，绘画与雕塑中的男女身体上的装饰十分少见，仅妇女的发髻上有些饰物。

金奔马项链在草原民族中较为常见，制作方法独特。如图5-6所示的出土于内蒙古自治区科尔沁旗左翼中旗希伯花鲜卑墓的北魏金奔马项饰，马的形象惟妙惟肖，好像弯下了腰向主人鞠躬一样，具有北方游牧民族特色。

掐丝镶嵌银铃铛采用了中国传统的花丝镶嵌工艺。魏晋时期的墓葬出土了相当多的小铃铛装饰，佩戴的部位有手腕、腰间和脚踝，一般用金、银、铜制作，最基本的样式为圆球形，内置铃核，顶部有系纽，通常一次发掘每个墓会出土8~10只。（图5-7）

九环白玉蹀躞带，是皮带上垂下来的系物之带。蹀躞带源于中国北方的少数民族地区，常佩戴于男子腰间，用于系住小型物件，魏晋时传入中原并深受汉人的喜爱，久而久之成为贵族们的时髦装束。（图5-8）

图5-5 璎珞

图5-6 金奔马项链

图5-7 掐丝镶嵌银铃铛

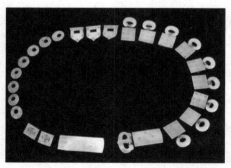

图5-8 九环白玉蹀躞带

晋代金龙项链是鲜卑族的项饰，整个龙身用金丝编缀，环环相套，盘曲自如。两个相同的龙头，一龙头嘴含挂钩，一龙头嘴含衔环，为扣系项链之用。龙身上有七件附加的装饰，分别为斧、剑、盾牌等兵器和梳形坠，是当时"五兵佩"的一种。（图5-9）

金镶嵌绿松石指环大多是从中亚萨珊传来的，具有异域风格。（图5-10）

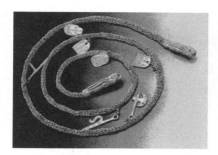

图5-9　金龙项链　　　　　　　　　　　图5-10　金镶嵌绿松石指环

第三节　制作工艺

三国两晋南北朝时期的工艺融合了多民族的先进技术，对后世影响较大的有镶嵌工艺和花丝工艺。

镶嵌工艺是采用爪镶、包镶、逼镶、钉镶、轨道镶、藏镶、密集群镶、插镶、微镶等技术，将金属与宝石结合，展现宝石的璀璨和美感。

其中，爪镶可分为二爪、三爪、四爪和六爪镶等，适用于不同大小的宝石，这种镶嵌手法可以让大量光线从各个方向进入主石，从而使其看起来更大、更闪亮。包镶，也称包边镶，是用金属边把宝石四周围住的一种镶嵌方法。这种方法是镶嵌工艺中最为稳固的方法之一。逼镶也叫迫镶、卡镶，其原理是利用金属的张力固定宝石的腰部，是一种时尚的镶嵌方式。钉镶，是在金属材料镶口的边缘，用工具铲出几个小钉，用以固定宝石。在表面看不到任何固定宝石的金属或爪子，紧密排列的宝石其实是套在金属榫槽内。由于没有金属的包围，宝石能透入及反射更充足的光线，凸显珠宝的艳丽光芒。轨道镶，又叫槽镶、壁镶，做法是先在贵金属托架上车出沟槽，然后把宝石夹进槽沟之中。轨道镶适合镶嵌相同口径的钻石。这种镶嵌方法能更好地保护宝石，使宝石大部分连成一片，从而产生比实际更大或更多的视觉效果。藏镶，又称抹镶，把宝石镶嵌在金属较厚或面积较大的部分，宝石不会外露，是一种非常稳固和持久的镶嵌方法。这种镶嵌法没有爪子，饰品看起来平滑和干净，非常适合日常佩戴。无边镶是用金属槽或轨道固定住宝石的底部，并借助于宝石之间及宝石与金属之间的压力来固定宝石的一种难度极高的镶嵌方法。采用该方法镶嵌，宝石之间没有镶边。密集群镶法是将较小的宝石密集对称地镶在一起，互相之间通过共用爪的方式进行固定，一般用于主石周围的群镶配石。插镶是将圆珠状的宝石或珍珠、琥珀等打孔后，用首饰托架上焊接的金属针来固定宝石，主要用于珍珠的镶嵌。微镶，是一种新兴的镶嵌技术，是在 40 倍的显微镜下镶嵌而成，镶爪非常细小，很难用肉眼看到，与其他钉镶相比宝石之间非常紧密。

花丝工艺，又称为细金工艺、累丝工艺，是将金、银、铜等抽成细丝，以堆垒编织等技法制成。花丝工艺主要由"花丝"和"镶嵌"两种制作技艺结合而成，过程极其复杂。花丝环节包含了堆、垒、编、织、掐、填、攒、焊等基本手工技巧，应用于不同粗细的金银细丝。然后，将其做成各种形式的托座，再把各种宝石嵌在其中，这才完成一件完整的花丝镶嵌作品。现代的花丝镶嵌工艺，延续了明清时期的工艺形制。

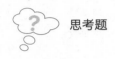 思考题

简述镶嵌工艺的特点及种类。

第六章　隋唐时期的首饰

第一节　时代背景

隋唐时期是中国古代封建社会发展的鼎盛时期。隋炀帝初期国力仍然兴盛，隋炀帝经营东都、开运河、修驰道与筑长城，带动了关中地区与南北各地区的经济与贸易发展。唐朝经历贞观之治、武后建周、开元盛世等阶段，走向了全盛时期。

隋唐时期，采取开放政策，不仅大量吸收外域的有用文化，而且将中国繁荣发达的传统文化传播到世界各地。中国传统的儒学文化得到了整理，道教文化在政府扶植下有了发展，从印度传入的佛教，受到中国传统文化礼俗的巨大影响而中国化了。在隋唐时期佛教发展达到兴盛的顶峰，佛学水平超过了印度，并使中国取代了印度成为世界佛教的中心。文化政策相对开明，文禁较少，又使这时的科学技术、天文历算进步突出，文学艺术百花齐放、绚丽多彩，在诗、词、散文、传奇小说、变文、音乐、舞蹈、书法、绘画、雕塑等方面，都有巨大成就，并影响着后世与世界各国。

隋唐时期的首饰工匠摆脱了魏晋时代的"空""无"的宗教理想境界，使首饰艺术重新回到现实生活中来，设计内容开始面向自然与生活，流行团花等主题以及庄重对称的结构。

第二节　典型首饰及分类

隋唐时期，人们使用的首饰主要有凤冠、义髻、发簪、步摇、发钗、花钿、梳、篦、簪花、耳坠、项链、璎珞、钩络带、蹀躞带、香囊、香熏球、玉佩、臂钏等。

典型首饰有李倕公主冠饰、拨形发簪、翠羽簪、步摇钗、金步摇冠、鎏金银钗、闹娥金钗、嵌珠宝金项链、银熏球、双龙戏珠金钏等。

唐朝的都城长安（今陕西西安），是当时亚洲最大的经济文化中心之一。初唐妇女喜着胡服、胡帽，钗梳等首饰用得较少，装饰较为朴素。盛唐至晚唐，贵族们崇尚各种外来奢侈品的风气流传到民间。五代十国时期，服饰继承了晚唐遗风，只是更加繁复，如西北地区的贵妇梳着薄鬓或高髻，插花钗、花树、大梳子，面妆鸳鸯花钿、戴项链。

隋唐五代时期的壁画，如敦煌壁画中常能看到妇女们头上饰以繁复的凤鸟。盛唐贵妇、西夏公主、于阗王后的头顶，常常戴着一只精致欲飞的凤鸟，以及搭配插戴着钗。凤鸟除了装饰作用，还有吉祥的寓意，希望能给佩戴者带来长寿富贵。佩戴凤冠在当时还没有形成制度，唐朝时期的凤冠也只是贵族妇女在举行重要庆典时佩戴的。除凤冠外，唐代公主李倕墓中发现了一件华丽的冠饰，由绿松石、琥珀、珍珠、红宝石、玻璃、贝壳、玛瑙、金银铜铁等四百多件小饰物组成，使用了金饰的点翠工艺，色彩绚烂，极为奢华。后来，这件冠饰由中德专家精心修复，是世界上唯一完整的唐代公主冠饰。（图6-1）

图 6-1　唐代李倕墓公主冠饰

拨形发簪是仿照弹奏乐器的工具"拨"制作的，体现了唐朝人回归自然生活的思想。"拨"形簪的形状像扇子，簪造型复杂。簪的顶部雕镂有花朵状、龙凤形纹饰，或者树木、山水、人物形象纹饰。同时，簪体加长到能够承受其重量。（图6-2）

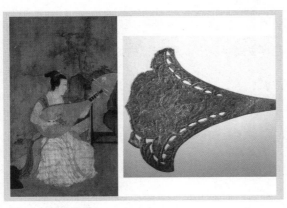

图 6-2　拨形发簪

图 6-3　翠羽簪

"骨刺红罗被，香黏翠羽簪"中提到了唐朝精美的翠羽簪。翠羽簪使用了点翠工艺，是由一种叫做翠鸟的羽毛制成的，采用湖蓝色的羽毛与金银宝石相搭配，色彩艳丽。翠羽簪流传到了明清时期，更加受女性喜爱，因此留下了许多传世珍品。（图6-3）

　　金步摇是南北朝时期慕容鲜卑人头上戴的一种饰品，不仅男子佩戴，女子也可佩戴，是鲜卑贵族阶层地位的象征。步摇一词和慕容部落的得名有关。《十六国春秋·前燕录》中就对慕容部落的得名作了详细的记载："慕容廆……昌黎棘城人……曾祖莫护跋，于魏初率其诸部入居辽西，从司马宣王（即司马懿）讨公孙渊，拜率义王，始建国于大棘城之北。见燕代少年多冠步摇冠，意甚好之，遂敛发袭冠，诸部因呼之'步摇'，其后音讹，遂为'慕容'焉。"实际上，慕容部从"敛发袭冠"开始，戴步摇就成为这一部族的服饰特征，改变了原来鲜卑人的民族装束习惯。这一特征成为其区别于其他鲜卑部族的标志，久而久之，步摇成了慕容部的代称，后来以讹传讹，将步摇叫成了慕容，从而也就有了慕容鲜卑，这是一种以物取名的风俗。

　　隋唐五代时期步摇的使用极其普遍。从其式样和插戴方式来看，可分为三种：

　　第一种是以单支步摇斜插于发髻之前。在陕西乾县唐李仙蕙墓出土的石刻上，左边的一个女子手持鲜花，一支精美的花朵状步摇斜插于发髻之前。在永太公主墓、陕西长安韦洞墓出土的壁画中都有表现。

　　第二种步摇成对出现，左右对称地插在发髻或冠上。一般是以金玉制成鸟或凤凰珠串的形状，可以随着人的走动而摇颤。陕西懿德太子墓石刻上的唐代宫装妇女戴的就是这样的步摇。

　　第三种是步摇插在额前的发髻正中。这类步摇一般用金银丝制成，梁多为钗。从安徽合肥西郊五代墓出土的两件均以纤细的金银丝编成，一件是四蝶状，蝶下垂着用银丝编成的坠饰。在鎏金的钗子上，用金丝镶嵌着玉片，做成一对蝴蝶展开的翅膀，下面和钗梁的顶端也有以银丝编成的坠饰，盈盈颤颤，精巧别致。（图6-4、图6-5）

　　唐鎏金银钗，银质，通体鎏金。钗头部由花穗、枝叶、飞凤等纹饰组成，制作精细，尤其是花纹一侧的双凤戏谑生动、传神。在发钗镂空处用铜丝装缀步摇，出土时摇上的花枝、水晶等饰物已散落（图6-6）。鎏金是一种金属加工工艺，亦称"涂金""镀金""度金""流金"，是把金和水银合成的金汞剂，涂在铜器表层，加热使水银蒸发，使金牢固地附在铜器表面不脱落的技术，这里用来在

图6-4　金丝镶玉步遥

图6-5　金步摇冠

图6-6　鎏金银钗

银上镀金。唐代的花钗，一般为一式两件，构图相同，图案相反，使用时，左右对称地插戴在发髻两旁。花钗的使用有着严格的等级规定。《新唐书·车服志》记载，命妇之服，一品花钗九树，二品花钗八树，三品花钗七树，四品花钗六树，五品花钗五树。妇人头上花钗的多少，成为其身份高低的重要标志。

图6-7　闹娥金钗

闹娥金钗出土于陕西西安隋李静训墓，长11.47厘米，宽8.3厘米，钗首为椭圆形，由多种金银丝丛花、两个花蕾以及飞蛾组成，是一件艺术价值极高的作品。（图6-7）

头饰种类繁多，比如金栉。如图6-8所示的金栉用薄金片镂空錾刻而成，整体呈马蹄形，下部呈梳齿状。栉面上部满饰花纹，中心主纹以卷云式蔓草作地，上饰两对称的奏乐飞天。飞天下方饰一朵如意云纹。周边饰多重纹带，分别为单相莲瓣纹带、双线夹莲珠纹带、镂空鱼鳞纹带、镂空缠枝梅花间蝴蝶纹带等。

图6-8　唐伎乐飞天纹金栉

头饰还包括耳坠。如图6-9所示的嵌宝金耳坠由挂环、镂空金球和坠饰三个部分组成。上部挂环断面呈圆形，环中横饰金丝簧，环下穿两颗珍珠对称而置；中部的镂空金球用花丝和单丝编成七瓣宝装莲瓣式花纹，上下半球花纹对置。球顶焊空心小圆柱和横环，上部挂环穿横环相连。金球腰部焊对称相间的嵌宝孔和小金圈各6个，部分嵌宝孔内还保留红宝石和琉璃珠等；下部有7根相同的坠饰，6根系在金球腰部的小金圈上，1根挂在金球下端中心的金圈上。每根坠饰的上段均做成弹簧状，中段穿一花丝金圈、珍珠和琉璃珠，其下坠一红宝石。耳坠制作精细，装饰华丽，是唐代金首饰中的珍品。

图6-9　唐代嵌宝玉石莲瓣纹金耳坠

如图 6-10 所示的嵌珠宝金项链也是出土于陕西西安隋李静训墓，是源于印度的佛教饰物，甚至可能是由西域工匠所造。唐代妇女十分喜爱配搭天青石项链。这种石头类似方纳石或者蓝宝石，是非常贵重的物品，当时大多是在于阗购买，又叫于阗石。

图 6-10 嵌珠宝金项链

如图 6-11 所示的银熏镂空球是一种随身携带的熏香器，直径约 4.5 厘米，球上悬有一条 7.5 厘米的金链，链端再制一"U"形挂钩。银熏球的最外部是两个可以开合的半球体，以合页连接，当球体合拢时，两者以一副制作精巧的子母扣相扣。两个半球上，通体布满镂空的葡萄纹，纹饰大方而流畅，做工精湛，透出一派华丽气息，堪称唐代金银器的精品。

如图 6-12 所示的镶金白玉钏出土于陕西西安何家村唐代窖藏，有两副。每副钏是三节白玉以兽头金合页衔接而成，并且有一对合页做成了活扣，可以随时打开或者合上，是非常精妙的设计。

图 6-12 镶金白玉钏

图 6-11 鎏金银香熏及其内部构造

第三节 制作工艺

点翠工艺，是一项产生于汉代的中国传统的金银首饰制作工艺，在隋唐时期得到了广泛应用。点翠是我国传统的金属工艺和羽毛工艺的完美结合，先用金或镏金的金属做成不同图案的底座，再把翠鸟背部亮丽的蓝色羽毛仔细镶嵌在座上，以制成各种首饰器物。

翠鸟目前是国家保护动物，点翠工艺已经失传。现代人采用蓝色缎面丝带代替翠羽，仿制点翠首饰，能够起到保护翠鸟的作用，但艺术价值大大降低。

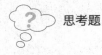 思考题

以唐代典型发簪为例，谈谈首饰中的特殊工艺。

第七章 宋辽金元时期的首饰

第一节 时代背景

宋辽金元，是对中国历史上的宋朝、辽朝、金朝和元朝四朝之合称。这一段时期属于多民族竞争时期，而这四个朝代也分别由不同的民族所建立，北宋与南宋代表着中原与长江以南的汉族，契丹族建立的辽，女真族建立的金和蒙古族建立的元。当时除宋、辽、金的对峙外，中国本土还存在着西夏与大理等国。最后元朝统一了中国，建立了幅员辽阔的多民族政权国家。

宋朝称得上一个政治清平、繁荣和创造的黄金时代。期票、信用凭证及后来官方大量发行的纸币，适应了商业的发展。政府官员印刷发放小册子来推行灌溉、施肥、精巧的新式金属工具和最早的机器，以及改良的作物新品种，经常得到城市富商和朝廷赞助的绘画有了光辉的进步，低廉印刷术的推广促进了文学的繁荣，小说和故事书激增。北宋的都城东京（今河南省开封市），有专门的"金银铺""穿珠行"，还有以个人名义开设的如"梁家珠子铺"等首饰店。在东京的大相国寺内，百姓买卖绣品、花朵、珠翠头面的场面十分兴隆。宋朝发达的经济促进了饮食文化、茶文化、建筑及居住文化的发展。宋元时代民间金银制作业已经十分发达，且产品流行四方，贸易渠道非常通畅，买卖场景十分壮观。南宋的都城临安（今浙江省杭州市）的珠宝市场也很活跃。"七宝社"就是当时著名的一家。门市上的陈列琳琅满目：猫眼儿、马价珠、玉梳、玉带、琉璃等奇宝甚多。吴自牧在《梦粱录》中描述繁华的南宋都城临安时，所记述的珠宝店就有"盛家珠子铺"等和买卖珍珠的集市。宋朝拥有大约一亿人口，是一个前所未见的发展、创新和文化繁盛的时期，称得上是当时世界上最大、生产力最高和最发达的国家。

元朝是由蒙古贵族建立的统一国家。为了满足统治者自身物质和精神享受的需要，元朝将国内各地的能工巧匠和俘虏来的欧洲人、波斯人以及阿拉伯人中的技艺人才组织起来，在朝廷内把"将作院"中的各路金玉匠人、总管下属的司局和工部诸色人匠以及总管府所属的银局、玛瑙玉局、石局等加以联合，形成了规模庞大的官办珠宝首饰手工业者队伍。元代的黄金宝石异常丰富，他们把宝石称为"刺子"。宝石的来源除了购买还有掠夺和纳贡。元大都（今北京）和杭州已成为当时中国金玉珠宝生产贸易的两大中心，其中杭州路金玉总管府有金石玛瑙工匠数千户。西域的掐丝珐琅、宝石镶嵌和镂空玉雕等技术传入中国。元代学者陶宗仪在《辍耕录》中也专门叙述了外国宝石的种类、名称及特征。除了玉器受到重视外，元的贵族还极喜爱金银器，并使之得到了很大的发展。

辽是中国历史上由契丹族建立的朝代。辽朝将重心放在民族发展上，为了保持民族性将游牧民族与农业民族分开统治，主张因俗而治，从而开创出两院制的政治体制。并且创造契丹文字，保存自己的文化。此外，吸收渤海国、北宋、西夏以及西域各国的文化，有效地促进了政治、经济和文化的发展。

金朝是由东北地区的女真族所建立，以渔猎为生。经济方面多继承自宋朝，陶瓷业与炼铁业兴盛。金朝在文化方面也逐渐趋向汉化，杂剧与戏曲在金朝得到相当的发展，金代院本为后来元曲的杂剧打下了基础。

此外，西夏是中国古老的民族党项族建立的政权，统治中国北方河西走廊一带，于公元 1227 年被蒙古所灭。西夏创造了别具特色的灿烂文明，建立了宏伟的城市，发明了独立的文字。

第二节　典型首饰及分类

宋元金银首饰中最常用到的装饰题材，如牡丹凤凰、二龙戏珠、瓜瓞、荔枝、石榴、桃实、蜂采花、蝶赶菊、满池娇等，都带着吉祥喜庆的色彩，主要用于嫁女。

唐宋时期是女子头面发生大变化的时期。簪和钗，从尺寸上来讲，两宋比唐代要短小。从式样上来说，两宋金银簪钗融合了辽和金的特色。制作工艺最突出的一点，是由唐代以剪纸式为主转变为江浅浮雕式为主，使浮雕式的图案既有灵动的生意，又有着仿佛工笔写生的微至。唐代金银簪钗的纹样风格是精细纤巧的，两宋则丰满富丽，后者体积更小，用材更为轻薄。

总的来说，宋辽金元时期，人们使用的首饰主要有团冠、亸肩冠、冠梳、大梳裹、特髻冠、花冠、头面、龙凤簪钗、叶形簪、锥形或喇叭花形花卉纹簪钗、双首或多首簪钗、胜、围髻、耳环、念珠、项圈、腰带、玉佩、玉环绶、跳脱、钏、缠臂镯、长命缕、指环等。

典型首饰有亸肩冠、半月形银梳、金头饰七件套、金凤钗、叶形簪、双首或多首发钗、金围髻、金蝴蝶桃花荔枝纹耳饰、缠枝花纹金腰带、龙珠纹鎏金银冠、琥珀珍珠头饰、凤形金耳饰、摩羯鱼形金耳饰、琥珀珍珠耳坠、动物饰件玉组佩、镶嵌宝石连珠戒指、镶嵌宝石金冠饰、镂雕人物金耳饰、元代金冠、金镶嵌珠宝耳饰、玉腰带、双龙戏珠金手镯等。

亸肩冠又称垂冠、等肩冠，因四周冠饰下垂至肩而得名，是北宋中后期全民流行的一种冠饰。亸，音同"朵",下垂的意思。《麈史》:"浸(渐)变而以角为之,谓之团冠,后以长者屈四角而下至于肩,谓之鼍肩。"沈括《梦溪笔谈·器用》:"妇人亦有如今之垂肩冠者,如近年所服角冠,两翼抱面,下垂及肩,略小无异。"在南熏殿旧藏《历代帝后图》中,有两幅北宋中期的皇后画像,头上戴的就是"龙凤花钗冠",装饰了许多金银镶嵌珠宝。从《宋神宗皇后坐像》中可以看到,皇后的龙凤花钗冠的两边各有三枝帽翅,是一种鼍肩样式。(图7-1)

图7-1 鼍肩冠 《宋神宗皇后坐像》

插梳就是梳篦,是妇女人手必备之物,几乎梳不离身,时间一久,便形成插梳的风气。宋代梳子的形状越来越大,但插戴的数量逐渐减少。其中,最为独特的就是"冠梳"。早在南朝时妇女就爱在发髻上插饰梳栉。北宋宫中妇女多在饰冠上安插白角长梳,后来传至民间。其冠甚高,以漆纱、金银、珠玉等制成,两侧垂有舌状饰物,用以掩遮鬓、耳,顶部缀朱雀等形首饰,并在四周环插簪钗,于额发与髻侧插置白角长梳,其数四六不一。

如图7-2所示的半月形银梳出土于江西彭泽北宋易氏墓,纹饰自由,刻工精致,梳齿上部还打有"江州打作"等字样,应是当时众多作坊中的一个。现今发现的玉梳、牙梳等装饰性用梳,纹饰与做工都极为精美。"承训堂藏金"中的一套宋代金头饰使我们看到当时的一种插戴方式。在四件流行的半月形片状金梳中,旁边的两把小梳均没有剪开梳齿,说明使用时并不是插而是贴或夹在头饰上的。

图7-2 半月形银梳

宋代妇女头上的所有首饰总称为"头面",专门经营这类首饰的商铺叫做"头面铺"。头面之中,簪钗种类极其丰富,名贵簪钗多为贵族命妇所拥有。宋朝的统治者规定,只有命妇才能够以金、珍珠、翡翠、翠羽为首饰,民间妇女的首饰材料限制为银、玉、琉璃等。宋代妇女仍然喜爱传统的凤钗(图7-3),

图7-3 凤钗

时人多称"钗头凤""钗上凤""凤头钗"，挺立在钗首的金凤嘴里还雕刻着串珠，也是步摇的式样。还有与此相似的燕钗、鸾钗。其中，燕钗在宋代又称"钗头燕""钗上燕"，是一种相对轻巧的首饰。

图 7-4　叶形金簪

叶形簪是像叶子一样的簪，簪上多镶有牡丹、菊花或龙纹，中间衬托叶纹，并有银丝缠绕，簪身较长，最长的一对为28~30 厘米，做工十分精致。（图 7-4）

图 7-5　双首荔枝纹金簪

双首或多首发钗在以往的时期比较少见，但在宋代十分常见。其簪首上制有一条横枝，横枝上嵌有两颗或多颗式样相同的镂空银饰件。类似的还有排环发簪，簪枝上嵌有成排的各类花朵，使用时插在发髻的最底部，用来支撑和装饰发髻，是后来发箍的前身。（图 7-5、图 7-6）

图 7-6　多首金簪

耳饰方面，妇女穿耳戴耳环之风空前盛行，皇后、嫔妃、普通民众都非常喜欢。如图 7-7 所示的金蝴蝶桃花荔枝纹耳饰的设计灵感大约来源于五代两宋以来绘画中的花鸟虫草与蔬果的写生小品，这种以花卉、蝴蝶、瓜果作为耳环装饰的风格，在宋代时兴起。它还用作装饰纹样，用于织绣等。以花蝶为题材，用累丝镶嵌的方法制作的金耳饰，精美而轻薄的纹饰闪耀着金光，有的还在累丝中嵌有宝石。

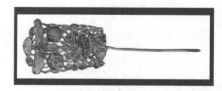

图 7-7　金蝴蝶桃花荔枝纹耳饰

按照辽国对冠的严格要求，有高贵官职的贵族男女，都要头戴冠饰。辽代贵族妇女的冠，一般称为菩萨冠，圈筒式，前檐顶尖成山字形。龙凤纹冠是地位较高的契丹贵族的冠饰。如图 7-8 所示的龙珠纹鎏金银冠出土于辽宁建平张家营子辽墓，以较薄的银片捶卷而成，形似帽箍，冠面压印着突出的花纹，中心作五朵蕃花，簇拥着一颗烈焰升腾的火珠，火珠的两侧饰以双龙，十分威武。而地纹则用卷草纹装饰，上下围以花边，

图 7-8　龙珠纹鎏金银冠

花边内并列着一排如意云纹。

　　辽、金、元都是由北方少数民族建立的政权。这几个少数民族男女都戴耳环、耳坠。特别是男子，耳戴圆环是十分常见的现象。耳环的制作也十分讲究，其精美的程度不逊于中原所制者。如图7-9所示的凤形金耳饰，是以极薄的金片模压成立体的凤鸟形，两片合页，中空，使用简单的工艺减轻了重量，方便佩戴。

　　摩羯鱼形金耳饰是辽、金、元时期北方民族最常用的一种耳饰。龙首鱼身的形象来自黄道十二宫的摩羯星座，称为摩羯鱼。摩羯也叫"摩伽罗"，为梵语"Makara"的音译，意思是大鱼、鲸鱼，又称鱼龙，是佛教中的一种瑞兽。摩羯形象大约于公元4世纪末传入中国，经隋唐逐渐融入了龙首的特征。（图7-10）

　　用琥珀制作小器物和饰品，是辽代工艺品的特色之一。如图7-11所示的琥珀珍珠耳坠出土于陈国公主墓，以华贵出名。它由四件琥珀饰件和大小珍珠以细金丝相间穿缀而成。四件橘红色的琥珀整体均匀雕刻成龙鱼形小船。船是龙首、鱼身，上刻有舱、桅杆、鱼篓，并有划船人和捕鱼人，雕刻入微，神态各异。契丹族以渔猎为生，这种耳饰的装饰题材，实际上是他们生活的写照。

　　如图7-12所示的摩羯凤鱼形玉组佩雕工精湛，通长14.8厘米，由寓意长寿的绶带纹长方形玉饰、鎏金银链和五件玉坠组成。五件玉坠的造型分别为：摩羯衔珠、双鱼衔莲、连尾对凤、双摩羯衔珠和单鱼卧荷。

　　摩羯衔珠形玉坠呈青白色，摩羯为龙首鱼身，头生独角，嘴衔宝珠，背生双翅。摩羯的形象出自佛经中的记载，它是法力无边的海兽。既能兴风作浪，又能滋养人类，使人类得以生息繁衍。这件玉佩表达了人们希望获得佛祖保佑的愿望。双鱼衔莲玉坠呈白色，双鱼腹鳍相接，双尾相连，眼腮微凸，口衔莲花。莲花为一茎开双花的并蒂莲，寓意夫妻和美、同心同德。双鱼是佛教八宝之一，象征着复苏、永生和再生。单鱼卧荷形玉坠上的鱼浮在荷叶之上，荷

图7-9　凤形金耳饰

图7-10　摩羯鱼形金耳饰

图7-11　琥珀珍珠耳坠

图7-12　辽代摩羯凤鱼形玉组佩

叶旁有两个莲蓬，鱼和莲花的造型，寓意年年有余、多子多孙。连尾对凤形玉坠颜色白中泛青，玉坠上的双凤相对，凤嘴相接，翅膀展开，凤尾下垂，凤凰的腹部雕刻有菱形羽毛纹，中国古人借连尾双凤的造型来象征婚姻幸福美满。

如图 7-13 所示的八曲联弧形金盒，直径 5.5 厘米，链长 4.5 厘米，用以盛放印章、鱼符等物，置于公主腰部右侧，盖与身以字母口扣合，盖上有精细的小金链，可以系挂，盒身有插栓，闭合之后可以将栓插起来，盒面錾刻一对戏水鸳鸯，盒底錾刻双鹤，寓意长生不老、朝夕相伴，通体錾刻花纹，布局丰满，堪称辽代金器的代表作。

图 7-13　辽代八曲联弧形金盒

香囊自古为佩戴于身或悬挂于床帐和车上的饰物，内贮薰衣草类的植物。如图 7-14 所示的镂花金香囊，长 13 厘米，金链长 9 厘米，重 40 克，含金量 90%，含银量 8%。此香囊由镂花薄金片制成，盖面和包面均镂刻缠枝忍冬纹，精美无比。

图 7-14　镂花金香囊

如图 7-15 所示的镶嵌宝石金冠饰是少量流传至今的西夏国首饰。西夏是一个以党项为主体的多民族王国，崇尚白色。以游牧为主的党项族人早年是披发蓬首。后来元昊下秃发令，除贵族官僚外全国男子在三日内剃光头发，从此"剃发、穿耳戴环"就成了党项人的标准形象。西夏男女冠饰的大致形象可以在敦煌壁画中见到。

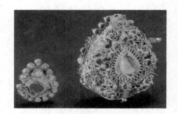

图 7-15　镶嵌宝石金冠饰

如图 7-16 所示的镂雕人物金耳饰反映了西夏人高超的制作技术、独具民族特色的造型设计以及盛信佛教的宗教信仰。西夏人无论男女皆穿耳戴环，这些都可以在有关西夏的壁画中看到。这对透雕人物金耳饰，每支耳饰上雕有三个人物，中间一人双手合掌坐在三朵金花之下，左右各一侍女站在两旁，花蕊之中均有宝石镶嵌，可惜都已脱落。

如图 7-17 所示的元代蒙古迦陵频伽纹金帽顶出土于内蒙古乌兰察布市化德县，表现的是蒙古族融合萨满和佛教的题材，出自西域工匠之手。元代除喜爱用玉做帽顶装饰以外，还有金顶。金顶的造型较

图 7-16　西夏镂雕人物金耳饰

为复古，多表现人物、植物、鸟兽动物以及与佛教有关的题材。

蒙古贵族们多用玉带与金带。其中，最为有特色的一条玉带，整条使用了十分名贵的和田白玉，除了用整齐的块状玉以外，中间还夹杂着一些大小不等的异形玉块。（图7-18）

图7-17　元代迦陵频伽纹金帽顶

如图7-19所示的双龙戏珠金手镯出土于元代娘娘墓。此镯为一对，呈椭圆形，含金量高达95%，重690多克。镯身为联珠形，两头作两个龙头相对，其中一个龙头口中连着一颗金珠，呈现双龙夺珠之势，造型纯朴，别具风格。宋元时期，手镯大多呈缺口圆环形，也有筒形称为跳脱。

图7-18　白玉带

第三节　制作工艺

錾刻工艺最初起源于在青铜器上刻一些文字，到宋朝发展为设计好器形和图案后，利用錾子把装饰图案錾刻在金属表面，通过敲打使金属表面凸起和凹陷，在金属表面加工出浮雕图案，也称錾花工艺。

具体来说，是指先用錾子将金属表面凿成线性的图案，确定大致造型，然后用錾子从金属板的表面进行加工，通过敲陷和顶起的方法做成造型，使我们从金属板的正面看有起伏的浮雕效果。在整个錾花过程中，凸起和凹陷是交替进行的，凹陷必须配合凸起。通用工具称为錾子，錾花时金属板置于錾花胶、沥青或铅块上。

图7-19　双龙戏珠金手镯

思考题

试举例分析摩羯凤鱼纹样首饰在辽代的特点。

第八章　明朝时期的首饰

第一节　时代背景

明朝是一个由汉族建立的大一统王朝。明代手工业和商品经济繁荣，出现了商业集镇和资本主义萌芽，文化艺术呈现世俗化趋势。明朝无论是铁、造船、建筑，还是丝绸、纺织、瓷器、印刷等方面的技术，在世界上都是遥遥领先，产量占全世界的 2/3 以上，比农业产量在全世界占的比例还要高得多。明朝民间的手工业不断壮大，而官营手工业却不断萎缩。

明朝前期，经济繁荣，冶矿、造船、陶瓷、纺织、金银珠宝首饰等手工业生产都达到了中国历史上的最高水平。同时，对外开放的明政府，曾先后派郑和率领世界上最庞大的舰队七次到西洋各国，从亚洲非洲等三十多个国家，引进了大量的珍宝及其他各种文化知识。

明朝时，名师名匠的地位很高，可以与缙绅并坐，或与"士大夫抗礼"，如制玉名匠陆子刚、镶嵌名匠周柱、冶金名匠朱碧山等。明代著名的科学家宋应星编著的《天工开物》一书，记述了当时的服装、纺织、铸造、金工珠玉等各种手工业原料从加工到成品的全部生产过程，为后人留下了宝贵的资料。

第二节　典型首饰及分类

明代是商业发达、百工争胜的时代。无论是王公贵族还是平民百姓，即便是中产之家甚至以下者，婚丧嫁娶也少不得金银头面一两副。与宋元相比，明代金银首饰显示出的一个最大的变化是类型与样式的增多从而在名称上有了细致的分别，大大小小的簪钗，均依插戴位置的不同，或纹饰、式样乃至长短之别而各有名称。如明代首饰的一系列名称有：鬏髻、金丝髻、挑心、掩鬓、压发、围发、耳坠、坠领等。

鬏髻是已婚女子戴在发髻上面的发罩，因此又有发鼓之称，俗称壳儿，内外可以衬帛、覆纱。发鼓的主要作用是把发髻支撑起来，以便各种簪钗的插戴。明代的鬏髻只是发罩而并不是装饰首饰，尺寸因此不大，底部口径一般在 10 厘米左右。围绕鬏髻，主要有两种盛装打扮：

盛装之一，发髻上挽一只掠儿，上面罩一个鬏髻，前面簪一枝挑心，后面插一件满冠，两边一对鬓钗和两三对短簪子，再配上一对耳环；盛装之二，鬏髻依然，其端一枝顶簪，绕着鬏髻的口沿戴一个花钿，下边又是一围珠子箍，正面当心簪一枝挑心，两边押一对掩鬓。

从上述装扮看，明代首饰种类主要有冠、假髻、发鼓、头箍儿、钿、珠子箍、挑心、分心、满冠、各种发簪、耳坠、耳环、长命锁、霞帔、纽扣、领花、三事儿、七事儿、钏、镯、戒指、腰带、佩玉等。

典型首饰有翼善冠、皇后的冠、金镶王母青鸾嵌宝挑心、金累丝楼阁人物分心、花蝶小插、顶簪（银鎏金镶玉嵌宝蝶赶菊顶簪）、累丝嵌宝石掩鬓、瀛洲学士图掩鬓、累丝嵌宝石人物纹金簪、霞帔坠、耳环、耳坠、金钏与八宝镯、戒指（双转轴金戒指）、嵌宝石金纽扣和玉佩饰等。

如图 8-1 所示的"翼善冠"属于明代第十三位皇帝明神宗，是用金丝编织而成的，冠上镶二龙戏珠图案，是集珠宝之大成的冠。

图 8-1　金翼善冠

图 8-2　三龙二凤冠

定陵出土的三龙二凤冠、十二龙九凤冠属于明孝靖皇后，九龙九凤冠与六龙三凤冠则为孝端皇后所拥有。它们的具体制法是：以竹为骨，先编出圆框，在框的两面裱糊一层罗纱，然后缀上以金丝、翠羽制成的龙和凤，周围镶满各式珠花。在冠顶正中的龙口中，还含有一颗宝珠，左右二龙则各衔一挂珠串，凤嘴之中，也同样衔有珠宝。凤冠通体镶嵌珠宝，每顶冠上的珠宝多达一百多块，珍珠上千颗。（图 8-2）

中国古代皇家首饰不仅作为一种富贵来炫耀，更主要的是为了体现佩戴者的尊严。在中国古老的传统中，龙是鳞虫之长，凤为百鸟之尊，皇帝皇后至高无上，因此用龙凤来表示。宝石镶嵌而成的吉祥如意花朵与金龙翠凤集中在一起，表现出尊长与祥和的统一。

明代头面中的饰物按用途不同，可分为挑心、分心、满冠。"挑心"就是在发髻正面当中的位置往上挑插一只单独精美的发簪，发簪装饰有佛像、梵文、宝塔、仙人、凤鸟等，如金镶王母青鸾嵌宝挑心（图 8-3）。分心与挑心的作用很相似，也是整个头面中最重要的一件饰物，是仿效宋金元时期女子所戴冠的冠前饰物。

图 8-3　金镶王母青鸾嵌宝挑心

如图 8-4 所示的金累丝楼阁人物分心，楼阁人物金簪，簪首呈山峰形，峰尖居中，采用模压、钻刻、焊接、累丝缠绕等工艺制成。正背面均有纹饰。正面以建筑为主，顶上有花，下以栏板围护，间以花草点缀。方寸之间有人物十人，中间一人神态庄严肃穆，梳髻，披云肩，前立一鹤，两边分立各四名侍女，分别持扇、捧物、怀抱琵琶等，情态各异，踏步上立一人。从形制上看，应该是头面中插戴于髭髻底部的分心。

"满冠"就是插在发髻后边的首饰，是从插梳演变而来。

图 8-4　金累丝楼阁人物分心

小插是明代头面中属于配角的各种小簪子之一，簪脚为扁平，也总是成对，不过相对于扮演主角的挑心和分心，小插的尺寸通常不大，纹样多是小巧的象生，造型因此往往活泼而别致，如金镶宝蝉小插。（图 8-5）

图 8-5　金镶宝蝉小插

蝶赶花是宋元以来的传统题材，到明代走向成熟。如图 8-6 所示的银鎏金镶玉嵌宝蝶赶菊顶簪，簪首明显分作花、蝶两部。花部托起两枚白玉做的一大一小两重菊瓣，两重花瓣之间围一圈红蓝宝石，顶端用一大颗红宝石嵌作花心。蝶部以绿玉嵌红蓝宝石的花朵和珍珠花蕾簇拥环抱，中间用片材卷出两个相叠的圆管，做出蝴蝶样轮廓的一个底座，上面用掐丝嵌上一只蝴蝶，蝶背一颗猫眼石。

图 8-6　银鎏金镶玉嵌宝蝶赶菊顶簪

掩鬓是一种用来压鬓和掩鬓、自下而上倒插在鬓边的发簪，又叫作"边花"或"鬓边花"。明代掩鬓除云朵外，还有做成团花等纹饰的，如累丝嵌宝石掩鬓（图 8-7）和瀛洲学士图掩鬓。

瀛洲学士图掩鬓选取的题材是诗句"学士文章舒锦绣，夫人冠帔

图 8-7　累丝嵌宝石掩鬓

图 8-8　瀛洲学士图金掩鬓

图 8-9　累丝嵌宝石人物纹金簪

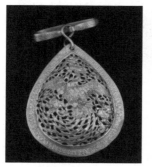

图 8-10　金帔坠

图 8-11　葫芦形耳饰

图 8-12　金环镶宝玉兔耳坠

烂云霞"中所描绘的夫贵妻荣之事。如图 8-8 所示的出土于重庆江北明塞义家族墓的瀛洲学士图金掩鬓，整个构图是用三层叠焊的方法，即一枚金片做底衬，再取一枚极薄的金片打造，以形成远景和中景的亭台楼阁，再以一枚金片用同样的方法做成花木藤蔓、小桥流水和人马，最后将三层依次叠起焊为一体，使之成为见出空间之纵深感的一幅立体画面。

如图 8-9 所示的累丝嵌宝石人物纹金簪以累丝花叶构成，其上遍嵌红、蓝宝石，极其华贵。中间图案为绵羊太子图，头戴狐帽（鞑帽），身穿罩甲和通袖袍，肩头扛着梅枝，上挂鸟笼，笼内为喜鹊，寓意"喜上眉梢"。太子骑着一只大羊，引领一群小羊，象征皇室子嗣繁盛。

宋代的富贵人家为女方准备结婚礼物，必送三件金饰：金钏、金镯、金帔坠。明代沿袭了这一传统。金帔坠是霞帔（女性礼服的披肩）的坠子，形似香囊。明代皇妃的霞帔上缀玉帔坠，王妃使用金帔坠。如图 8-10 所示的这件金帔坠与墓中出土的金钑花钏和金镶宝石镯相配，是一套完整的聘礼。

明代的耳饰主要是耳坠和耳环一起用，耳坠以茄子形、葫芦形和灯笼形居多。其中，葫芦形耳饰通常以一根粗约 0.3 厘米的金丝弯成钩状，在金丝的一端穿上大珠在下、小珠在上，两珠之上再覆上一片金制圆盖的坠饰。（图 8-11）

明孝靖皇后的一只金环镶宝玉兔耳坠出土于明定陵，是十件耳坠之一。玉兔耳坠由一金环下系一只捣药玉兔构成，兔子直立站在三石镶嵌的美丽星星上，周围装饰着金制的云头。（图 8-12）

如图 8-13 所示的金累丝镶玉灯笼耳坠出土于兰州上西园明肃藩郡王墓，以金玉和谐而成就它的精细。耳坠通长 10.8 厘米，重 38 克。装饰之部的上方一个五爪提系，提系顶端为圆环，五爪之端五个金累丝的云钩，钩坠五串金累丝事件儿，每串系着四事，即如意、金锭、古禄、铎铃。提系下边接焊一顶金累丝花朵式伞盖，其下缘用细金条做成披垂的沥水。伞盖之下有一个金累丝花叶盖，盖下穿缀两颗白玉珠，玉珠下各有金累丝的花叶托。

金钏在古代可作为定情之物，俗称"缠臂金"。如图 8-14 所示的金钑花钏、金镶宝石镯出土于湖北省钟祥市梁庄王墓王妃棺内的 1 件漆木匣中。其中，金钑花钏用宽 0.7 厘米、厚 0.1 厘米的金条缠绕成 12 个相连的圆圈，做成弹簧形状，两端以金丝缠绕固定，可以根据手臂的粗细调节松紧。一对金镶宝石镯与花钏配套使用，金镯由 2 个半圆形金片合成，其中一端作活页式连接，另一端用 1 根插销连接，佩戴在手腕上可以自由开合。外壁现存红宝石、蓝宝石、祖母绿和绿色东陵石等宝石共 13 颗。

如图 8-15 所示的双转轴金戒指出土于上海卢湾区李惠利中学明墓，戒面做成委角型，边框与芯子分制而以活轴相连，芯子因此可以两面翻动。芯子一面装饰一个"安"字，另一面打作一幅人物故事图，记录的是秋胡戏妻的故事。

如图 8-16 所示的嵌宝石金纽扣是件金质衣扣，扣面为圆形，柄部做成不同的如意云形，扣两端均有 4 个针眼，用来穿线缝钉。扣合时，子扣插入母扣的穿孔内套结固定。

如图 8-17 所示是一组王妃使用的玉佩，也出土于湖北省钟祥市梁庄王墓。这组玉佩用黄色丝线穿缀着 32 片玉树叶、16 件串饰以及 1 件玉珩（第五排居中者）。玉佩上的鸳鸯饰件，寓意百年好合。此外，还有瓜、石榴、鱼、桃等多种吉祥物，表达了瓜熟蒂落、多子多福、富贵有余、福寿安康等美好愿望。

图 8-13　金累丝镶玉灯笼耳坠

图 8-14　金钑花钏、金镶宝石镯

图 8-15　双转轴金戒指

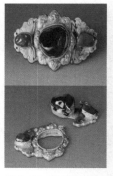 

图 8-16　嵌宝石金纽扣　　图 8-17　组玉佩饰

第三节　制作工艺

　　景泰蓝是珐琅工艺与金属工艺的复合，是明代具有代表性的一种金属工艺。明朝景泰蓝工艺虽然比清朝略有不足，但在使用上达到了一个巅峰，鎏金厚而发红，器物庄重。

　　景泰蓝得名于景泰年间出品的蓝釉底掐丝铜器。景泰蓝的工艺有着悠久的历史，最早在春秋时，越王勾践剑的剑柄上就嵌有珐琅釉料，元代时已经开始大规模制作，在明清时期最为盛行。景泰蓝中的"蓝"字，并非专指蓝色，而是"发蓝"一词的简称，与该行业使用的"点蓝""烧蓝"等名词类似。景泰蓝的正式学名应为铜胎掐丝珐琅。

　　景泰蓝的制作包含制胎（用红铜片制作成所需器形）、掐丝（用铜丝掐成各式花纹粘在铜胎上）、烧焊（将铜丝与铜胎焊牢）、点蓝（将各色釉料填入花纹轮廓）、烧蓝、磨光、镀金（在铜质上镀金防锈）等七个过程。一件好的景泰蓝工艺品要具备形、纹、色、光四个特点，形指的是造型，纹指的是纹饰，色指的是釉色配制及呈色，光指的是打磨及镀金后产生辉煌亮丽的光泽。

 思考题

　　试分析明代头饰的种类及特点。

第九章　清朝时期的苗饰

第一节　时代背景

清朝在康雍乾三朝时走向鼎盛，在此期间，中国社会的各个方面在原有的体系框架下达到极致，改革最多，国力最强，社会稳定，经济快速发展，人口增长迅速，疆域辽阔，统一多民族国家得到巩固。清代中后期由于政治僵化、文化专制、闭关锁国、思想禁锢、科技停滞等因素逐步落后于西方。

清朝手工业以纺织和瓷器业为重，棉织业超越丝织业，瓷器以珐琅画在瓷胎上，江西景德镇为瓷器中心。清代的画坛由文人画占主导地位，山水画科和水墨写意画法盛行，更多的画家追求笔墨情趣，在艺术形式上翻新出奇，并涌现出诸多不同风格的流派。

清代金银首饰一改唐宋以来或丰满富丽、生机勃勃，或清秀典雅、一曲恬淡的风格，而越来越多地趋于华丽、浓艳，宫廷气息也越来越浓厚。造型的雍容华贵，宝石镶嵌的色彩斑斓，特别是那满眼皆是的龙凤图案，象征着不可企及的皇权。这一切都和明清两代整个宫廷装饰艺术的总体风格和谐一致，但却和贴近世俗生活的宋元金银器制品迥然不同。

第二节　典型苗饰及分类

清代首饰种类有冠饰、钿子、旗髻、扁方、簪钗、头花、结子、步摇、流苏、簪花、一耳三钳的耳饰、朝珠、领约、金约、长命锁、手链、手串、指甲套、扳指、戒指、玉佩饰、领针、胸针、别针等。

图 9-1　清代皇后像

典型首饰有凤冠、嵌东珠皇帝冠顶、钿子、扁方、白玉一笔寿字簪、花卉簪、虫草簪、头花、结子、步摇、流苏、朝珠、领约、十八子手串、金护指、戒指等。（图9-1）

清代凤冠是满族的清代后妃在参加朝廷庆典时所戴的朝冠。它与宋明时期的凤冠完全不同，具有典型的满族风格。《大清会典》中记载：清代皇后的朝冠，冬天用黑色貂皮、夏天用青绒制成一顶折檐软帽，上覆以红纬，在帽子正中，还叠压着三支金凤，每支金凤的顶部，各饰一颗珍珠，有的还饰有东珠、猫眼。红纬四周缀有七支金凤凰，另在冠后饰一长尾山雉，翟尾垂五行珍珠等。具体来说，凤冠因地位的不同而有所差别。（图9-2）

图9-2　清代凤冠

清朝皇帝的冠相对较为简单，但冠顶的装饰却华丽异常。所谓冠顶是指在金冠帽顶部的装饰，它的制作多采用捶揲、镂刻、镶嵌等工艺。清代的"嵌东珠皇帝朝冠顶""嵌宝石金冠顶"等，极为华美，其精美程度超过了历史上任何朝代的类似饰品。（图9-3至图9-5）

图9-3　清代皇帝像

钿子，并不是指之前提到的花钿或宝钿，而是满族贵妇穿吉服时戴的一种缀满花饰的帽子。清代满族的皇后、贵妃头饰中，穿吉服时，有时不戴吉服冠，而戴钿子。钿子在平时并没有什么装饰，但在遇到值得庆贺或重要的祭祀日子里，身着礼服的嫔妃头上就要戴具有装饰性的钿子相匹配，成为珠翠装饰的彩冠。它的制作，一般是用金属丝带变成内胎，正面呈扇形，缀点翠、料珠、宝石等花饰。如图9-6所示的清宫旧藏的点翠钿子，高17cm，直径24cm，帽胎以黑色丝绒缠绕铁丝编结而成，形似覆钵。各色花饰由珍珠、珊瑚、玉石、碧玺等珠石组成，点翠铺衬，铜镀金底托。从花饰组成看，有蝴蝶、连钱、仙鹤、灵芝、兰花、寿桃、如意、笔、葫芦、花篮、蜻蜓、天竺、石榴、祥云等，意寓子孙万代、长寿如意。

图9-4　帝王冠

图9-5　冠顶装饰

头花也是清代妇女经常佩戴的首饰，好的头花色彩通常非常丰富。如图9-7所示的点翠凤凰纹头花，横15cm，纵15cm，造型为回首凤凰，使用了三种不同颜色的翠羽装饰。凤凰头冠为紫色翠羽点白色小点，脖颈、

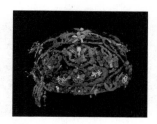

图9-6　点翠钿子

翅膀、尾部装饰宝蓝色翠羽，身上的羽毛则为勾勒金边的淡蓝色翠羽。凤凰尾部开五岔，末端均饰小珠一颗。尾部之上装饰点翠牡丹一朵。整个头花虽未用宝石装饰，但却使用不同颜色的翠羽对凤凰的诸多部位予以点缀，加之羽毛采用金边装饰，独具匠心。

图 9-7　点翠凤凰纹头花

道光以前，满族妇女梳髻，一般多在髻中插上一个架子，俗称架子头。从传世图画来看，这时期的旗髻还没有脱离真髻，体积也不是很大。清朝中期，是史称乾隆盛世的黄金时代。皇宫时常收到各种珍宝和名贵首饰，刺激了清初时宫中以"节俭为本"的后宫嫔妃们追求美的心理。于是她们尽可能地追求美丽的珠宝，尤其是发髻的装饰最重要。但要将数量可观的首饰戴在头上，以前的"小两把"式发髻就显露出了许多不足之处。如"小两把"头比较低垂，几乎挨到耳根，发髻较松，稍碰即散。于是一种新的梳头工具"发架"应运而生。最初的发架材料有木质，也有铁丝拧成的，看上去形似横着的眼镜架。到了咸丰以后，其髻式逐渐增高，"双角"也不断扩大，进而发展成一种高如牌楼式的固定物，这种饰物已不再用真头发，纯粹以黑色绸缎做成，戴的时候只要套在头上，再加插一些绢花即可，俗称"两把头"，或称"大拉翅"。这种形式，在当时满族妇女中极为流行，一时成为满族妇女服饰的标志之一，称为旗髻。

扁方为满族妇女梳旗头时所插饰的特殊大簪，均作扁平一字形，是用在大拉翅上的饰品。扁方的材质很多，有金、银、翠玉、玳瑁、迦南香、檀香木等。宫廷的翡翠扁方比较珍贵，在翡翠上镶嵌金银、寿字、团花、蝙蝠等吉祥图案，采用了金累丝加点翠、银镶嵌宝石、金錾花、玉雕等工艺，在仅一寸宽的狭面上，制作出花鸟鱼虫、亭台楼阁、瓜果文字等精美图案。这种扁方，戴时贯穿横扁簪的发簪中，翠绿色的玉色与漆黑的头发产生强烈的对比，有一种特殊美的效果。有的还在扁方两端加以花饰，在扁方一端的轴孔中垂一束穗子，走起路来有类似步摇的效果。

如图 9-8 所示的清代的白玉嵌莲荷纹扁方，长 31.5cm，宽 3.1cm，白玉质，长方片状。器表中部光素，两端镶嵌对称的莲荷纹。图案由各色宝石组成，以碧绿色翠制作枝干、莲蓬、荷叶，粉红色碧玺制作盛开的荷花以及荷叶上的青蛙，红蓝宝石制作小花蕾。柄端两侧镶嵌浅粉红色碧玺花，花芯嵌珍珠各一。此扁方玉质洁白、嵌石艳丽，深为清代妇女所喜爱。

图 9-8　白玉嵌莲荷纹扁方

如图 9-9 所示的玳瑁镶珠石翠花扁方，长 33cm，宽 3cm。扁方为玳瑁质地，上镶嵌各种珠宝。其顶部嵌翡翠浅浮雕蝠纹饰片，两端饰金累丝连钱纹片，上镶嵌宝石雕刻成的水仙花：翡翠薄片为水仙花叶，以白玉为水仙花头，碧玺为花朵，红宝石为花蕾。用料华贵，工艺精美细致。扁方是满族妇女梳"两把头"必备的饰品。此件是清宫后妃日常用品。玳瑁是深海爬行动物，似龟，甲壳黄褐色，有黑斑，质细腻光洁。因其贵重稀缺，清宫后妃常用来做首饰。

图 9-9　玳瑁镶珠石翠花扁方

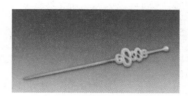

图 9-10　白玉一笔簪

清代满族妇女的发髻首饰除了扁方以外，必须同时插戴的还有"正头""头围子""大头簪""耳挖子"等。只有"正头"是重要的装饰，戴在前额的正中。它一般是一支珠花或者一个绒绢花。簪分实用和装饰两种：实用簪多为素长针形，质地多为金银铜等，在盘髻时起到固定头型的作用；装饰形簪多选用质地珍贵的材质，专门在梳好发髻后插戴在明显的位置上。如图 9-10 所示的现藏故宫的"白玉一笔簪"是用一块纯净的羊脂玉雕成一笔写成的"寿"字，簪挺就是寿字的最后一笔。

花卉簪就是花形的簪，花朵状的簪头比较大，簪头以不同粗细的铜丝做成花的枝杈，再用宝石做成花瓣，花蕊的底部钻上小孔，穿进细铜丝，绕成弹性很大的弹簧，轻轻一动便摇摆不停，栩栩如生。（图9-11 至图 9-13）

图 9-11　花卉簪（1）

图 9-12　花卉簪（2）

图 9-13　花卉簪（3）

图 9-14　蝴蝶簪

虫草簪以动物飞禽为表现内容，蝴蝶、蜻蜓簪居多，工艺上与花卉簪类似，使飞禽的触角、眼睛以及植物的枝叶如活过来一样。（图 9-14）

如图 9-15 所示的清代的金镶宝石蜻蜓簪，长 14.8cm，宽
5.4cm，重 15g，银质，运用了累丝工艺，其谐音寓意"大清安定"。
簪柄以金累丝制成蜻蜓形。蜻蜓须端嵌珍珠，腹部、翅膀镶嵌红宝
石共 5 粒，尾部与装饰飘带等处点翠。

图 9-15　金镶宝石蜻蜓簪

清代的满汉两族妇女都爱使用花钿。唐宋时期的花钿较小，而
且大都一样数件，装饰在发髻上。汉族妇女大都在发髻顶端、发髻
周围或两鬓插戴精美的花钿。这种花钿与以前唐宋时期的花钿差别
较大，一般只是一件，表现的内容多为花卉，个体较大，制作精美，
具有很强的装饰作用。满族妇女则称这种花钿为结子。它的使用
极其广泛，既可以用在钿子上作为装饰，又可以单独装饰各种头
饰。（图 9-16）

图 9-16　清代结子

汉族称之为步摇，满族贵族妇女则称之为流苏的饰品，是梳"叉
子头""大拉翅"的必备之物。流苏的顶端有龙凤头、雀头、蝴蝶、
蝙蝠等，还有口衔垂珠或头顶垂珠，珠串有一二三层不等。现存的
清代流苏多为皇宫中妃嫔的饰物，在北京故宫珍宝馆现存的"银镀
金点翠米珠双喜字流苏"（图 9-17）是同治帝大婚时皇后戴过的。
流苏顶端是羽毛点翠如意云头，缀着三串长珍珠，每串珍珠又分为
三层，层与层之间用红珊瑚雕琢的双喜字间隔，底端用红宝石做坠。
整个流苏长 26.7 厘米，戴在发髻顶端时珠穗下垂与肩平，是现存
流苏中最长的一件。清宫珍藏的流苏以"凤衔珠滴"式样最多，其
中一龙一凤对峙的称为"龙凤呈祥"，双凤对峙的称为"彩云飞"，
牡丹花与凤凰的是"丹凤朝阳"或"凤穿牡丹"，喜庆福寿的是"银
镀金吉庆流苏"和"银镀金寿字流苏"，还有别具一格的银镀金灯
笼流苏。

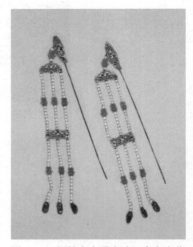

图 9-17　银镀金点翠米珠双喜字流苏

朝珠是清代朝服上佩带的珠串，通常挂在颈项垂于胸前。朝珠
共 108 颗，每 27 颗间穿入一粒大珠，大珠共 4 颗，称为分珠，
根据官品大小和地位高低，用珠和绦色都有区别。

朝珠的质料有东珠、翡翠、玛瑙、蓝晶石、珊瑚等。4 个大珠，

图 9-18　朝珠

图 9-19　金镶青金石领约

图 9-20　清珊瑚十八子手串

垂在胸前的叫"佛头"，在背后还有一个下垂的"背云"，朝珠两旁共附小珠三串各 10 粒，名为"纪念"。朝珠的戴法男女有别，两串在左一串在右为男，两串在右一串在左为女。（图 9-18）

领约与项圈很像，是清代后妃用于约束颈间衣领之饰物，通常用金丝编织而成，镶嵌各式珠宝，两端各垂着一条丝绦，在丝绦的中间和末尾也坠有珠饰，产生坠感。一般在金环的中部装有可以开合的铰具，使用时打开金环，从脖子套入即可。按照清朝规定，领约必须佩戴在礼服之外，丝绦必须垂在背后。如图 9-19 所示的清代金镶青金石领约，周长 46cm，直径 22cm，环形活口开合式。环上镶嵌长条形青金石四块，红色料石两块。其上又嵌红宝石两颗，蓝宝石两颗，珍珠一粒。活口处为金质錾花云蝠纹，其上各系明黄色绦带一条，绦带上缀红色料石珠和有红色料石坠角各一，另一绦带仅存红色料石珠一，坠角已缺失。

玉镯和手串是清代常见的手部饰品。手串是在一串珠子中必有一件类似朝珠中佛头的坠饰，是佛教信徒手中的饰物。它一般被拿在手中，有时也套在手腕上，是清代满汉两族妇女都十分喜爱的饰物。清代男女戴念珠很普遍，长串的念珠一般挂在颈间，短的则套在手腕上，久而久之，这种念珠式饰物就成了妇女们腕饰上的一种新样式。它基本保存了念珠原有的特点，除两颗不同材质的珠子外，同一材质的珠子一共 18 颗，又称"十八子手串"。如图 9-20 所示的清代后妃的珊瑚十八子手串，通长 29cm，周长 35cm。手串以十八颗珊瑚珠串成，以青金石佛头、结珠及翡翠坠为饰。手串雕工精细，雕刻四面"囍"字的珊瑚珠与两面"囍"字的青金石佛头、结珠，使本来不甚鲜亮的珠体倍加耀眼；翠坠角虽小，但也是将雕刻发挥到了极致，将一只蝙蝠口衔"五铢"钱币的动态雕琢得栩栩如生，并具有"福在眼前"之吉祥寓意。

　　中国社会自古及今对女性的纤纤十指有着独特的审美传统，妇女蓄甲颇为流行。指甲套称护指，又称义甲，是妇女的指部装饰，既能让十指看起来纤如春笋，同时也起保护指甲的作用。此外，古时弹筝通常戴银制的义甲，即所谓的银甲或银指甲。护甲的使用，至少可追溯到汉代，在汉代及隋代墓葬中都有出土，唯比较少见，清代护指传世颇多。护指绝大多数以金、银制作，有少数为珐琅或铜质，也有采用玻璃的。慈禧太后的手指上就套有金护指，长5.2厘米，最大直径不过1.5厘米，上面巧妙地镂刻出六个古钱纹样：正面四个叠成一串，左右两个单独分开，既有装饰性，又可以减轻指套的重量。（图9-21）

图 9-21　金护指

图 9-22　清代戒指

　　清代除了金戒指、镶宝石的戒指外，还有许多珍贵的翠玉戒指，如白金镶蓝宝石戒指、金镶珍珠翡翠戒指、祖母绿戒指等。（图9-22）

 思考题

结合时代背景，谈谈清代头饰的特点。

第十章 西方原始社会、苏美尔、古埃及时期的首饰

第一节 时代背景

欧洲是最早出现直立人的区域之一。公元前5508—前2750年的库库特尼—特里波利文化是欧洲最早的大规模文明，也是世界最早的文明之一。

从新石器时代开始，意大利卡莫尼卡河谷就开始有了卡慕尼文明，留下了欧洲最多的超过35万幅的壁画。欧洲第一个著名的有文字记载的文明是克里特岛上的米诺斯文明，以及随后的希腊邻近地区的迈锡尼文明，始于公元前2000年。虽然早在公元前1100年爱琴海地区的人就懂得使用铁器，但是直到公元前800年该技术还没有传播到中欧，由石器时代的陶器群文化发展而来的哈尔施塔特文化除外。很可能是这项技术的优越性使得印欧人不久之后明显在意大利和伊比利亚站稳了脚跟，足迹深入这两个半岛，随后整个西方进入古罗马时期。

然而，欧洲的文明较晚于发源于两河流域的古巴比伦和发源于尼罗河三角洲的古埃及，后两者并称于四大文明古国。

美索不达米亚文明，又称两河流域文明，是指在底格里斯河和幼发拉底河两河之间的美索不达米亚平原所发展出来的文明，主要由苏美尔、阿卡德、巴比伦、亚述等文明组成。我们可以把公元前3200年直到公元前2000年这段时期称为"苏美尔人时代"，因为美索不达米亚最先进的地区是位于其最南部的苏美尔地区。公元前3200年左右，苏美尔人发明了车辆运输。苏美尔时期最重要的城邦是乌鲁克、乌尔和拉格什等。

古埃及文明是世界上最为古老的文明之一，也是人类文明的重要源头之一。古埃及是等级森严的奴隶制社会。国王称为"法老"，他通过一个强有力的中央集权政体实现对全国的统治，被视为是人间的神明。农业在当时是主要的经济形态。

古埃及王国时期分为早王朝时期、古王国时期、第一中间期、中王国时期、第二中间期、新王国时期、晚王国时期、托勒密王朝时期。从古王国时期（约公元前2686—前2181年）起，手工业就有了明确分工, 有冶炼、制陶、采石、木作、皮革、编织和造船等行业。那时, 古埃及人就会用做工精细的珠子搭配红玉髓、青金石、碧玉、长石、绿松石和雪花石膏做成色彩丰富的垂饰。到新王国时期 (约公元前1567—前1085年) 还出现了制作彩色玻璃等新工艺技术。

第二节 典型苗饰及分类

欧洲原始社会时期首饰的主题形式主要有自然物质主题和圆形主题。其中, 前者是首饰主题的起源。追踪首饰主题出现在人类艺术史中的准确日期是困难的, 但考古学家为我们提供了一些推断的证据: 当语言使史前人可以与他的同辈交流, 当直立使他们可以用手工作以及制作自己的工具, 他因而可以提供自己的需要, 以及使用物体作为中介物, 直接与现实联系, 表达自己的情感。如尼安德特人 (石器时代原始人) 就会简单地切割和抛光象牙、石头、骨头或木头。此时一个最初的直接来源于自然的物质形式成为主题, 甚至它只是植物的花、叶或柄。自然物质主题的典型首饰有由亮绿色滑石粒、骨头、贝壳、兽牙等材料构成的珠串, 可以通过简单地切割和抛光象牙、石头、骨头或木头等得到这类主题的首饰。 (图 10-1)

图 10-1 原始社会时期的首饰

圆形主题形式出现于大约公元前8000年, 是在金子的发现和金属加工工艺的基础上产生的。通过对许多墓里的陪葬物的研究, 考古学家发现许多由金和铜制成的圆圈 (1.2~3.7 厘米的尺寸) 及连接小的圆圈形成的大的环, 另有一些席状的金卷成的圆筒。这些物件都是通过捶打和敲击制成的, 用钳子把两端扭紧的痕迹在这些圆圈和环的边部仍可见。这标志着圆形主题形式的产生。圆形主题形式的典型首饰有黄金圆环、"苏塞克斯环"、青铜胸针和金丝圈等。 (图 10-2)

图 10-2 黄金圆环

黄金, 灿烂的颜色及稳定的不易改变的性质被认为是太阳的象征, 因而被制成与太阳形似的圆圈, 拥有者佩戴或悬挂以期得到力量和保护。这样的主题及形式代表着太阳, 实质上是反映人们对自然界的崇拜，可以说它反映了高度集权的社会等级制度。

如图10-3所示的青铜时代中期（约公元前12世纪）的臂环，是由单根金属条做成的"苏塞克斯环"。

如图10-4所示的青铜时代中期（约公元前12世纪）的一枚青铜胸针，这是欧洲最早的胸针品种之一，它头部的涡卷、针体和尾部的涡卷是用同一条铜丝制成的，表面饰有凹线，以模仿螺旋的纹路，长7厘米。

如图10-5所示的金丝制成的一组珠宝（约公元前11—前9世纪），是中欧发现的最好的一组青铜时代晚期的金丝首饰，包括一对由多个部分组成的胸针，一件带有多个涡卷的饰品，中间的盘上有一个狭小的孔，可以连接一枚小针，以构成一件胸饰，宽11.9厘米，以及一对黄金垂饰，每件垂饰都带有两个涡卷和一个弯出的环。

图10-3　苏塞克斯环

图10-4　青铜胸针

图10-5　金丝首饰

苏美尔人佩戴的首饰主要有束发头箍、带有黄金花朵的头饰、巨大的新月形耳环、紧贴在脖子上的颈圈、华美的项链、扣衣服的大别针以及戒指等。苏美尔时期的首饰主要由金、银、青金石和半透明的红玉髓四种材料制成：贵金属可能来自土耳其和伊朗高地；青金石的来源可能在现今阿富汗的东北部；红玉髓中至少有一部分是从印度进口来的，其穿越印度洋通过海路运到乌尔港。而玛瑙也在当时被初次使用，尽管很少，但已预示了多年后浮雕玛瑙饰品的出现与发展。苏美尔人为了使不同色彩的宝石与金属搭配得更和谐而付出了很多努力，其精湛的技艺，从当时的首饰上可见一斑。

图10-6　苏美尔人首饰

如图10-6所示，苏美尔人的装扮有：花圈头饰（黄金、青金石、玛瑙，长32.1cm，宽5.5cm），可能是戴在额前的，头饰可以单独佩戴或者分层佩戴；金发圈（金），直径2.8cm，高0.8cm，重12g，螺旋形金丝圈，或许是套在扎束起来的头发上，成对使用，出土于非王室墓葬；发箍（金），长31.6cm，宽1cm；金花头饰（黄金、青金、沥青），直径4.7cm，高1cm，由金箔制成，分为八片花瓣，花蕊是青金石制成的圆盘，用沥青乳香粘贴；项链（黄金、青金石、玛瑙），长116.4cm；狗项圈（黄金、青金石），长23.5cm，宽3.3cm，高0.5cm，由23块有棱纹的三角形青金石和金子交替组成；外衣别针（金、银、青金石），长17.2cm；珠子袖饰（黄金、青金石、红玉髓），长12cm，宽6cm，直径0.5cm，被缝在上衣或其他外衣的袖子上。

古埃及人十分讲究自身的外表修饰，除了梳妆打扮、涂化妆品之外，还要戴上各种首饰。无论是生者还是死者，都会佩戴护身符、头带、耳饰、戒指、项链、腰带、臂环、足环等首饰。古埃及制作首饰的材料多具有仿天然色彩，如玛瑙、琥珀、紫晶、绿松石、方解石、青金、珊瑚、白玉、红玉、黄玉、赤铁矿、石榴石等，取其蕴含的象征意义。金是太阳的颜色，而太阳是生命的源泉；银代表月亮，也是制造神像骨骼的材料；天青石仿似保护世人的深蓝色夜空，这种材料均从阿富汗运来；来自西奈半岛的绿松石和孔雀石象征尼罗河带来的生命之水，也可用利比亚沙漠的长石甚至绿色釉料代替；尼罗河东边沙漠出产的墨绿色碧玉像新鲜蔬菜的颜色，代表再生；红玉髓及红色碧玉的颜色像血，象征着生命。

古埃及王国早期基本承袭了巴达里文化时期的工艺风格，可以制造微小的珠子，并且开始使用新材料。古埃及最强盛的三个时期，在公元前3000年到前1000年，分别是第三到第六王朝的古王国时期，第十一、第十二王朝的中王国时期，第十八到第二十王朝的新王国时期。

古王国时期，埃及开始出现由多层串珠网构成的埃及宽项圈，普遍使用的首饰有脚环、王冠、珠串、腰带、手镯、项链等。它们采用镶嵌的方式，用银和琥珀金（一种天然的金银混合矿）制成，也有用金和铜制作的。其中，第一王朝时期（约公元前3100—前2890年），王室成员佩戴一种由象征王徽的矩形饰物构成的手镯，它被称为"皇宫之门"；法老的王后手臂上佩戴着由黄金和绿松石做的"皇宫之门"，绿松石代表了尊贵的西奈女神。

此外，黄金常常被用于制作首饰。在胡夫的母亲海泰斐丽丝（Hetepheres，她死于公元前2550年前后）的坟墓中曾发现随葬品中有一个箱子，里面装着大约20个银或象牙的手镯，镯子上面的装饰物是蝴蝶，是一种用绿松石、青金石和玛瑙镶拼而成的极其美丽的物件。另外还有金戒指、金床，甚至厕所的坐便器都是金子做的。

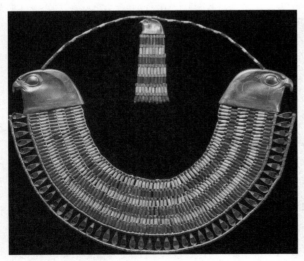

图10-7　埃及宽项圈

中王国时期，埃及风行由闪亮的彩色珠子穿成的手镯。民间开始流行由圆柱形或圆盘形珠子穿成的埃及宽项圈（图10-7）。公主、贵族和平民佩戴的都是鹰隼太阳神

Horus 为主题的项链，平民的项链主要由蓝色琉璃珠子组成。未经雕刻的牡蛎壳由于有保佑佩戴者健康的寓意，在这一时期相当受欢迎。

　　此外，该时期各种制金工艺全面展开，镂雕和冲压技术被广泛采用。另外金属镶嵌和累珠工艺也被大量运用。埃及人认为黄金是太阳神下赐的礼物，他们像崇拜太阳一样崇拜黄金，将之视为权力和生命的象征，他们甚至还拥有保护黄金的女神哈托尔。如图 10-8 所示的第十二王朝时期（公元前 1991—前 1785 年）的一块黄金胸饰，上面镶嵌有绿长石、天青石和肉红玉髓。中央是圣甲虫在推着太阳的图案，两边是相互面对的两只猎鹰，象征着天神荷鲁斯，而中间下方跪立的女孩代表接纳者。这是赛索特里斯二世（公元前 1897—前 1878 年在位）法老赠给她的礼物。杰出的装饰品如这一时期的滴状珠和圆珠项链，大约于公元前 1880 年完成，它的成分有黄金、肉红玉髓、天青石、绿松石、绿长石、紫水晶、石榴石等，制作工艺相当考究，其长度为 32 英寸（80 厘米），反映了当时高超的工艺和制作水平。

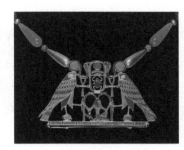

图 10-8　黄金胸饰

　　新王国时期（约公元前 1567—前 1085 年），埃及首饰的工艺达到了一个巅峰时期。制作首饰的材料有金、银、宝石、玉石、铜、贝壳等。用这些材料加工成的首饰包括项饰、耳环、头冠、手镯、手链、指环、腰带、护身符及项饰平衡坠子。在古埃及人心目中，神是宇宙的主宰，法老是人间的王者，因此人们用珍贵的黄金装饰圣物表达虔诚和敬仰。如图 10-9 所示的埃及法老图坦卡蒙的黄金王冠，装饰以抽象形式表达的眼镜蛇与秃鹫，分别代表上埃及与下埃及的主神。

图 10-9　黄金王冠

　　耳塞和耳环变得十分普遍。耳环的样式主要有水蛭形和圆形两种。彩色玻璃首次被大量制造并用于仿宝石。其中，第十八王朝时期（约公元前 1567—前 1320 年）最流行的耳环式样是一种由一些三角形空心管组成的，佩戴这种耳环的女人们经常在一只耳垂上戴一对。

　　如图 10-10 所示的耳环由 5 个金管焊接而成，末端有一朵金花。当时还流行一种玻璃耳塞，耳塞的长柄上有穿孔，似乎是为了穿绳。

　　宽项圈带有花叶图案的多色釉开始盛行。人们用模子制作出大量

图 10-10　古埃及耳环

背面平整的高彩度海枣叶、罂粟花、曼德拉果、葡萄、莲花、雏菊和茉莉花，穿在一起模仿真的花环。罂粟花具有独特的止痛作用而被视为神花；莲花被视为重生之神，则是因为它的籽在埋藏多年后仍能发芽。如图10-11所示是一条花饰项圈，用彩色上釉材料串成。上排是曼德拉果，中排是枣椰叶，下排是莲花花瓣，两端也是莲花状。

图 10-11　花叶图案宽项圈

图 10-12　古埃及戒指

矩形戒面的戒指开始流行，其中最流行的式样是带有金属戒环、由一只圣甲虫作为戒面的戒指。在戒肩上环绕以金丝装饰，金丝从戒面的侧面穿过将其固定。圣甲虫就是蜣螂（俗称屎壳郎或美金龟），蜣螂反映了古埃及人的宇宙起源学说。蜣螂代表太阳，所滚的粪球代表地球。古埃及人见到蜣螂滚粪球，越滚越大，最后孵出许多小蜣螂来，这便表明蜣螂有产生生命的能力，因而象征再生和复活。蜣螂三对足共30节，代表每月的30天。古埃及人认为这类甲虫推动粪球的动作受到了天空星球运转的启发，因而是一种具有许多天文知识的很神圣的昆虫，所以又称为"圣甲虫"。其次，很多戒指上面镶着刻有铭文的宝石，更有刻上印章的。印章上刻有主人名字和官衔，可以在封泥上盖印，具有实用意义。（图10-12）

图 10-13　图坦卡蒙胸饰

还有一枚更为精巧的图坦卡蒙胸饰，中央部分代表王的名称：一个大的青金石有翼圣甲虫。以下是象形文字的符号。外边缘装饰有两个眼镜蛇、荷鲁斯之眼，底部是一个插着矢车菊的圆盘，镶嵌着青金石，玛瑙和彩色玻璃。（图10-13）

最著名的首饰是一只来自埃及赛易斯王朝的黄金猎鹰（约公元前672—前525年）。其头部、眼睛和嘴部是模型浇铸的，身体可能是在一个基底上浇铸的，翅膀和腿是分开制作并添加上去的。整体镶嵌有漂亮的蓝色、绿色和红色玻璃。这件做工精美的饰品可能是一件胸饰，翅膀展开长14.8厘米。鹰在古埃及文化中有特殊的意义，埃及人认为，展翅高翔的鹰比任何人都接近太阳，所以将之视为太阳神拉和法老守护神荷鲁斯的化身。（图10-14）

图10-14　黄金猎鹰胸饰

　　无论是纯金首饰还是黄金镶嵌宝石首饰，它们都有一个共同的特点，就是都讲究图腾和护身符的象征意义，这是埃及首饰中的主导。虽然这些首饰的主题受限制，都是表现崇尚永恒、向往权力。但是，设计却能超越主题的限制而充满魔幻和表现出一种不可思议的虔诚感。在埃及首饰中，每一个形象都有着特定的意义。

第三节　制作工艺

　　金属材料的首饰加工中，常用的工艺有冲压和铸造。

　　冲压是靠压力机和模具对板材、带材、管材和型材等施加外力，使之产生塑性变形或分离，从而获得所需形状和尺寸的工件（冲压件）的成形加工方法。冲压和锻造同属塑性加工（或称压力加工），合称锻压。冲压的坯料主要是热轧和冷轧的钢板和钢带。

　　冲压加工是借助于常规或专用冲压设备的动力，使板料在模具里直接受到变形力并进行变形，从而获得一定形状、尺寸和性能的产品零件的生产技术。冲压所使用的模具称为冲压模具，简称冲模。冲模是将材料（金属或非金属）批量加工成所需冲件的专用工具。

　　首饰中的冲压工艺也称模冲、压花，是一种浮雕图案制造工艺。其步骤为：先根据一个母模制出一个模子，然后通过压力在金属上制出浮雕图案。冲压工艺流程：压印图案—成形（弯曲）—将各连接件组合起来（通常用焊料）。冲压工艺适用于底面凹凸的饰品，如小的锁片，或者起伏不明显、容易分两步或多步冲压成形或组合的物品，另外极薄的部件和需要精致的细部图案的首饰也需要用冲压工艺加工。

　　铸造是将金属熔炼成符合一定要求的液体并浇进铸型里，经冷却凝固、清整处理后得到有预定形状、尺寸和性能的铸件的工艺过程。铸造毛坯因近乎成形，而达到免机械加工或少量加工的目的，从而降低了成本并在一定程度上减少了制作时间。铸造是戒指、手镯的基础工艺之一。

　　失蜡浇铸是现今首饰业中最主要的一种生产工艺，失蜡浇铸而成的首饰也成为当今首饰的主流产品。浇铸工艺适合凹凸明显的首饰形态，并且可以进行大批量的生产。失蜡浇铸加工工艺的流程为：制作金属模型—压制胶模—注蜡模—植蜡树—灌制石膏模—铸件浇铸。

 思考题

分析古埃及黄金首饰的发展及原因。

第十一章 古希腊时期的首饰

第一节 时代背景

　　古希腊的范围包括希腊半岛、爱琴海和爱奥尼亚海上的群岛和岛屿、土耳其西南沿岸、意大利东部和西西里岛东部沿岸地区。爱琴海中较重要的岛屿有克里特岛、罗特岛、美洛斯岛和德洛斯岛等。古希腊的土地并不肥沃，主要农产品有橄榄和葡萄，矿产有银和大理石。希腊半岛三面临海，航海技术发达，对外贸易繁荣。

　　公元前五六世纪，特别是希波战争以后，古希腊经济生活高度繁荣，科技高度发达，产生了光辉灿烂的希腊文化。希腊文明是西方文明最重要和直接的渊源。古希腊人在哲学思想、诗歌、建筑、科学、文学、戏剧、神话等方面有很深的造诣。希腊人带着他们的哲学和史诗、美术和工艺，沿地中海和黑海沿岸复制出一个个希腊式城邦和殖民地，甚至远至亚洲帕米尔高原以西的河谷平原都曾受到"希腊化"的洗礼。出于对军事力量的追求，古希腊人重视体育锻炼，来保卫城邦国家和对外扩张。自公元前776年起，每四年举办一次举世闻名的奥林匹克竞技会。竞技会优胜者的名字不仅被记录在册，人们还为他们塑像。因此，运动员的塑像成了古希腊雕塑的重要题材。

第二节 典型首饰及分类

　　古希腊的首饰设计和工艺都是当时世界的佼佼者，至今仍是西方首饰设计的灵感源泉。尤其是黄金首饰，早在青铜时代，希腊人就已经用黄金制作所有可能的题材，包括花冠、面具、项链、戒指、耳环、臂钏、手镯、胸针、发饰、腰带、衣饰、坠子、饰片等。

　　克里特岛的米诺斯—迈锡尼文明被认为是古希腊的前文明。公元前2700年到公元前1400年，米诺斯文明生长于离希腊本土不远的克里特岛。米诺斯人最早的黄金首饰出现于公元前 1800 年前后，品种多样，尤其是印章戒指独具特色。他们在大约长 2 厘米、宽 1.5 厘米的戒面上布满线条优美的人、神、动物、花草、道具和故事场景，展现神话故事和生活。在一座古墓中，发现一个黄金胸饰，刻画的是两只大黄蜂相对抱着一只碟子，黄蜂翅膀和碟子上都有细小的金粒，这是起源于古埃及的"起粒细工"。（图 11-1）

如图 11-2 所示是一件约公元前 17 世纪制作的米诺斯人的黄金浮雕垂饰，整体高 6 厘米，表现了自然之神站在莲花池里，两手各握一只水鸟，他身后的两个曲线形物品可能是弓。

如图 11-3 所示是一件公元前 7 世纪的希腊人制作的花形黄金饰品，由六片花瓣组成，圆形头饰，中心为一只飞翔的雄鹰。

图 11-1　"起粒细工"黄金胸饰　　　　图 11-2　黄金浮雕垂饰　　　　　图 11-3　黄金六瓣花头饰

公元前 14 世纪至公元前 12 世纪，迈锡尼文明兴盛，米诺斯文明没落。19 世纪后半期，考古学家发现了一系列迈锡尼人的遗迹，证明这里曾建立过一个强大的王国。迈锡尼人十分喜爱黄金和白银。在墓葬中发现了一个黄金面具（图 11-4），是盖在死者脸上的，据说死者是迈锡尼统治者阿伽门农。

在 6 座迈锡尼时期的贵族墓葬中，发现了大量作为陪葬品的金饰品，其中有王冠、项链、手镯、胸饰、戒指等，共有 15 千克之多，这被称为"阿特累斯的珍宝"。这些金饰品制作精美，图 11-5 所示的一副耳饰是公牛头的样式，在当时是神圣的象征物。

除米诺斯—迈锡尼的首饰外，希腊本土的首饰工艺发展可分为四个时期：几何形时期、东方化时期、古典时期和希腊化时期。又相应地称为古希腊城市阶段、古风阶段、古典阶段、希腊艺术年代。

几何形时期开始于公元前 9 世纪，巴尔干半岛上的一些城邦国家进入了铁器时代，这些地区的首饰业开始发展起来。初期的首饰制作水平远不及克里特—迈锡尼地区，风格也与之很不相同。（图 11-6）

图 11-4　黄金面具　　　　图 11-5 黄金公牛耳饰　　　　图 11-6　菱形金片首饰

图 11-7　众兽女神金饰片

初期的首饰制作技术单纯，多数是用金片剪成菱形或圆形，然后用金丝将边缘盘起，形成一种发射式的图案。到公元前 8 世纪后期，几何纹样中出现了一些抽象的人形和动物形。制作技术有的是用模子压印到金箔上去，有的是将金箔放在模子上捶打出来，也就是以后称为"錾花"的工艺。公元前 7 世纪以后，随着对东方贸易的展开，从小亚细亚和古埃及流传过来许多东方式的首饰，它影响了希腊首饰的风格，出现了所谓的东方化时期。首饰出现了东方式的题材如狮子、长颈鹿和其他神秘动物，以及东方的神话传说故事。

如图 11-7 所示的一件公元前 7 世纪的金饰片"众兽女神"，面容上有着凸起的眼睑、厚厚的嘴唇，分明是中亚人的特征。女神背上有双翅，着长裙，双手执着两只神秘动物的犄角，金饰下方有着 5 个石榴形的挂坠，也用到了"起粒细工"。

公元前 600—前 475 年，与地中海东岸文明的交流使得希腊艺术进入古风时期。公元前 475—前 330 年属于希腊首饰的古典时期，其式样和制作技术都延续了古风时期的特征。那时男子很少佩戴首饰，一般仅限于一对圆碟形的耳饰和一个光滑的领圈。女子穿的是长袍，在肩上有一个扣住衣片的别针。但贵族女子，在重大的宗教节日的礼仪中，都会佩戴各种首饰，品种有头箍、耳饰、项链、手镯、脚镯、腰带、戒指等。到公元前 5 世纪希波战争之后，波斯和黑海沿岸的首饰样式传入古希腊，首饰的花式丰富起来。金银累丝工艺常用于制作图案，珐琅镶嵌也更为流行，但累珠和宝石或玻璃的镶嵌技术用得很少。

公元前 4 世纪，花环这种饰品开始兴盛。在庆典和宗教仪式上，男女都佩戴花环，崇尚美的希腊人甚至还给死者佩戴花环。在古典法规中，头箍是一个用树叶和花朵组成的花环，它有神圣不可侵犯的意义。月桂和橄榄枝的花环是胜利的象征，应献给阿波罗神，也可以用于奖励给体育比赛的胜利者，这是一种崇高的荣誉。后来，这种花环改用金箔来制作。（图 11-8）

公元前 325 年到公元前 27 年这段时期是希腊化时期。从青铜时代开始，黄金在希腊就日益增多。起初首饰的总体样式并没有太大变化，不过到公元前 2 世纪早期，新的首饰样式开始出现。随后，便正式进入了首饰的"希腊化"时代——饰品的体系很快发生了极大革新，这场革新的影响持续了两个多世纪。

希腊化初期出现了赫拉克勒斯结。赫拉克勒斯结

图 11-8　月桂和橄榄枝的花环

最初来自埃及，是古埃及人的一种护身符，其历史可以追溯到公元前 2000 年。如图 11-9 所示是一件公元前 3 世纪的臂饰，中间是一个"赫拉克勒斯结"，镶着一颗石榴石。

图 11-9　"赫拉克勒斯结"蛇形首饰

在这个时期，波斯、古埃及、意大利、黑海沿岸俄罗斯地区的风格都传入古希腊，一些金属工艺技术如金银丝镶嵌、珐琅工艺也流传进来。许多过去没有见过的材料如玳瑁、孔雀石甚至极为稀少的钻石，以及印度进口的珍珠和象牙都成了制造首饰的原材料。一些新题材也充实到首饰设计中来，如从波斯传过来的山羊头、羚羊头和狮子头图案，这是标志波斯皇家的动物，以及妇女的耳饰喜欢用的女子头像或公羊的头。如图 11-10 所示是一副公元前 3 世纪的耳饰，圆筒形下方有一个女子头像，两旁各有一串各种形状的金珠串成的链子。

图 11-10　饰有女子头像的金耳饰

如图 11-11 所示是公元前 5 世纪中叶的一副耳饰。它的上部是东方式的珐琅工艺，中部是站在船上的人面鸟"塞壬"，下方是四条缀着贝壳形的金链子。耳饰做得十分精巧，可以用上千个小部件组成。

如图 11-12 所示是一件公元前 4 世纪至公元前 3 世纪的金王冠，出土于黑海沿岸。中间是一个"赫拉克勒斯结"，顶端是带翅的天使和两条龙，下方挂着镶宝石的吊坠。

图 11-11　饰有塞壬鸟的金耳饰

 思考题

古希腊首饰中先后流行过哪几种风格？每种风格的特点是什么？

图 11-12　金王冠

第十二章　古罗马时期的首饰

第一节　时代背景

　　古罗马人在公元前 509 年驱逐了暴君塔尔坎建立了共和国。公元前 4 世纪至公元前 3 世纪，罗马征服了伊特鲁里亚和整个意大利半岛，巴尔干半岛中部的马其顿、希腊、小亚细亚以及非洲北部的迦太基、古埃及，成为地中海的霸主。公元前 44 年，执政官恺撒宣布自己为终身执政官，共和制名存实亡。公元前 27 年，担任执政官的奥古斯都·屋大维创立新的中央集权体制，自称"凯旋将军"，也就是以后所称的皇帝，开始了罗马帝国时期。罗马帝国早期十分强盛，它不断向外侵略扩张，疆域扩张到东起两河流域、西至不列颠岛、北到多瑙河、南到北非洲，成为古代历史上强大的帝国。至公元 3 世纪后，罗马帝国分裂成东西两部，西罗马帝国以罗马城为首都，东罗马帝国建都于君士坦丁堡（现土耳其的伊斯坦布尔），史称"拜占庭帝国"。

　　古罗马的呢绒、珠宝、石工、香料、玻璃、铁器、磨面、食品加工等行业相当发达，应用了许多古希腊的发明创造。其中，亚平宁半岛以青铜铸造、制陶、毛纺织、玻璃制造业闻名，莱茵河沿岸则以冶金和纺织业著称。罗马帝国的采矿业相当发达，人们在西班牙地区开采铜、金、银、铅和锡等矿，在莱茵河不列颠地区开采铁矿等。

　　罗马的首饰制造业颇成规模。首饰艺人聚集在一条街上或一个小区，或占据城中的一角。一些大型制造组织类似近代工厂：一件产品要经过各种不同的分工工序完成，有制模工、铸模工、镀饰工、抛光工、钳工等专业工人。甚至一些单件复杂首饰，也分工为珍珠工、宝石雕刻工和抛光工。当时在金银工、戒指工、镀金工中已有类似行会的组织。

第二节 典型苗饰及分类

在罗马早期首饰基本上都是黄金制成的，品种有饰针、耳饰、项链、戒指、手镯、胸饰等。伊特鲁里亚对黄金工艺的杰出贡献是起粒工艺。这种工艺早在公前 2000 年至公元前 1500 年的古埃及和古希腊就已运用。伊特鲁里亚人将这种技艺进一步发展完善了，金粒可以组成各种图案。

当时十分流行的水蛭形饰针，上面运用起粒工艺组成漂亮的几何图案。（图 12-1）

公元前 6 世纪至公元前 5 世纪中期，有一种伊特鲁里亚特有的篮子形的女子耳饰，用金箔制成，一半是三角形或新月形，另一半弯成圆筒形，表面有起粒细工的装饰。（图 12-2）

图 12-1 水蛭形饰针

图 12-2 篮子形女子金耳饰

古希腊式的碟形耳饰也很流行，但在原有形制的基础上加以变化，如加上一个长长的吊坠。

公元 1 世纪的一条项链，项链上嵌有红宝石，蝴蝶形吊坠由椭圆石榴石做头部，圆形蓝宝石作为身体，两块白色石头作为翅膀。

古罗马的金项链制作得十分精巧，有的绞成双股辫子链，两端有复杂的雕饰。（图 12-4）

现藏于梵蒂冈博物馆的一件著名黄金胸饰，上部是一块扇形金片，上面镌刻着 5 头狮子，中间是两条狭长的金片，下端是一片椭圆形金片，上面焊着 50 多只圆雕的小鸟，结构十分复杂，佩戴者多为贵族。这种胸饰象征着崇高的社会地位和财富，有的长宽达 42 厘米，用有浮雕的金片制成，形象犹如一只围嘴，布满胸前。（图 12-5）

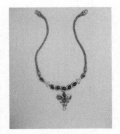

图 12-3 嵌有宝石的金项链

图 12-4 金项链

图 12-5 黄金胸饰

　　金王冠是荣誉和尊贵的象征，表明佩戴者的社会地位和经济实力，它的主体是一条长形金片，两端是半圆形压花饰片，王冠中央插着大量压花金叶。（图 12-6）

　　在古罗马首饰中，戒指具有十分重要的地位。在共和时期，男子最重要的装饰是刻有姓名的戒指。最初时姓名戒指是铁制的，其实用价值超过装饰价值。在古罗马对外扩张时期，使者们都被授予一个金的姓名戒指，以便在被委任期间作为信誉的物证。最受欢迎的戒指是缠丝玛瑙戒指，还有石榴石戒指、祖母绿戒指、紫水晶戒指、玉髓戒指。如图 12-7 所示的公元 1 世纪的镶嵌石榴石戒指重 1.17 克，总长 14mm，内径 10.86mm。

　　从公元 2 世纪以后，钱币经常被用来作为装饰，如人们将钱币镶上金银细工做成的边框做成挂坠，或连接起来组成整串链子。公元 4 世纪的一个黄金吊坠，中央是一枚公元 321 年的双面罗马钱币，在钱币和吊坠的各个尖角之间都有一个高浮雕的胸像，可能是用失蜡浇铸技术制作。左下角的胸像是阿提斯（希腊神话中一个因美貌而被众神妒忌，最终被阉割的祭司），其他的尚未知道。（图 12-8）

　　宝石雕刻在希腊时代就已出现，但真正的成熟期是在罗马帝国时期。罗马人首次开始使用非常硬的宝石，有时也使用未经切割的钻石。宝石分为浮雕和阴刻，浮雕宝石被称为"卡米奥"，一种很深的阴刻称为"凹雕宝石"尤为出色。凹雕宝石的原材料通常有红玉髓、玛瑙、紫水晶、碧玉、青金等。凹雕宝石上的图案为：一种是植物或动物图案，如狮子、野猪、鱼和神话动物"卡米拉"等；一种是真实人物肖像，主要是帝王和贵族肖像，如奥古斯都、尼禄、玛尔齐亚娜（罗马皇帝图拉真的姐姐）等。

　　拜占庭帝国将基督教定为国教，推动了首饰的新主题和新形式的出现，以及人像表现技术的发展。来自埃及的拜占庭风格体链（公元 600 年），主要由四条链子组成，每条链子又由带有两种不同雕刻图案的圆片交替连接而成，身前身后各有一枚较大的圆盘，佩戴时长约 68 厘米。（图 12-9）

图 12-6　金王冠

图 12-7　镶嵌石榴石戒指

图 12-8　饰有钱币的黄金吊坠

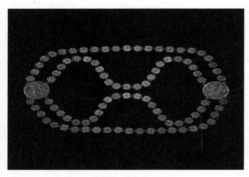

图 12-9　来自埃及的拜占庭风格体链

图 12-10　黄金錾胎珐琅十字架形圣物盒

如图 12-10 所示为拜占庭的黄金錾胎珐琅十字架形圣物盒（公元 10 世纪），圣物盒上原来是珐琅彩，盒盖的图案是做祈祷状的圣母，她站在圣巴西勒和圣格列高利的半身像之间，高 6 厘米。

第三节　制作工艺

金珠粒工艺是古罗马时期发展比较成熟的技术。

在珠宝首饰之中，常常可以看到小小的圆球珠粒，或散落，或密集，或组合，或孤立，总之带给人一种灵动之感，小小的金属珠粒饱满圆润，可爱至极，这就是古老而神秘的珠宝工艺——金珠粒工艺。

金珠工艺是金属珠粒工艺的简称，其英文为 Granulation，也被称为炸珠、泼珠、赶珠、研珠、法吸珠、焊金珠、珠粒等工艺，我国台湾地区也称其为"栗纹工艺"。

金珠工艺是一种古代传统铸金工艺，主要是指以黄金、纯银等金属为基材，通过熔化等手段形成金属球粒，具有细小、实心、圆润等特点。其主要用于首饰和器物等表面的装饰，有的孤立散落，有的随性堆砌，有的规则排列，有的组成特定的图案。其如繁星点点，不仅增强了饰物的立体感，同时使造型更加柔美灵动。

金珠工艺的最大特点是金珠小如粟米，或比粟米还要细小，最小的金珠直径可达 0.01 厘米左右，甚至可以漂浮在水面上而不沉。如此细小的金珠，或孤立一点，或重复组合成多种样式，具有很强的形式感，赋予首饰和器物独特的魅力。

金珠工艺是金属工艺中比较常见的首饰装饰手法，其制作主要包含两个方面，一是金珠的制作，二是金珠的焊接。金珠的制作就是将液态的金属滴入水中，形成大小不一的金属珠粒，还可以应用其他方法，如将加热后呈熔化状态的金属滴入炭灰中从而形成金珠等。金珠的焊接主要是利用化学中的"低共熔原理"，将极细小的金珠通过焊接形成特定的装饰图案。

 思考题

以罗马首饰为例，分析古罗马的宝石雕刻工艺。

第十三章　中世纪时期的苗饰

第一节　时代背景

欧洲中世纪一般认为是从公元 476 年西罗马帝国灭亡到公元 15 世纪欧洲文艺复兴运动开始前的长达 1000 多年的历史时期。从社会形态来说，它处于欧洲历史上的封建主义社会；从意识形态来说，它是基督教精神统治下的时期。罗马教皇为了保持自己的独立地位，建立了教皇国，并且伪造了《君士坦丁赠礼》和设立了宗教裁判所来惩罚异端，学校教育也都是服务于神学。

在西欧封建社会前期，基督教会是上层封建主阶级的重要组成部分。10 世纪以后，欧洲的农业生产有了显著进步。手工业从农业中分化出来，贸易和商业的发展，由集市活动发展成一些城市活动。随着经济活动的进展，城市居民逐渐分化，大商人、手工业行会首领等形成城市贵族，手工业者、小商人、学徒等形成了城市平民。这样，整个社会出现了封建领主、农民和农奴、城市贵族、城市平民等阶级。城市贵族要从封建领主手中争得部分政治权利，就支持正在逐步摆脱教会势力的国王，一些较强的王国，如英国和法国就从 13 世纪起逐步实现了以封建领主为社会支柱，与城市贵族结成同盟，强化中央集权的等级君主制度。

11 世纪时，罗马教皇企图进一步扩大教会势力和财富，组织西欧各国向东方主要是地中海东岸信奉伊斯兰教的地方侵略，后来又扩展到小亚细亚的东罗马帝国（拜占庭帝国）和北非。这便是所谓的"十字军东征"。13 世纪，拜占庭遭受"十字军"的侵略，君士坦丁堡遭到空前洗劫，元气大衰。1453 年，君士坦丁堡被土耳其占领，拜占庭并入奥斯曼帝国，中世纪也随之结束。

凯尔特文化在中世纪诸多文化中独具特色。其根源可以追溯到青铜时代晚期，以及哈尔施塔特文化（公元前 8 —前 6 世纪）和铁器时代的拉特内文化（公元前 450 年—前 1 世纪）的形成。在 10 世纪和 11 世纪，凯尔特艺术开始受到挪威维京人和斯堪的纳维亚林格里克或乌尔内斯风格的影响，后来形成在 11 世纪末席卷欧洲的罗马式风格。凯尔特十字架和凯尔特结凯尔特十字（又名"高十字"或"太阳十字"）是一个标志性的图案，与凯尔特基督教有关，其起源可追溯到公元前 3000 年的青铜时代。作为一个"太阳十字"，凯尔特十字代表二至点和二分点。另一种解释是凯尔特十字架象征着空气、土地、火和水四种元素。

在中世纪，人们普遍认为宝石可以治愈各种疾病。护身符戒指被用作疾病、中毒的解毒剂，或者用来抵御邪恶和嫉妒的"邪恶之眼"。根据 1376 年的法律，禁止用劣质金属如铅、锡等来装饰皮革、丝绸或细麻布腰带，任何从事这种行为的工匠都应该"为他们的错误行为受到惩罚"。罗马式的金属制品是高度华丽和复杂的，以珐琅、镶嵌象牙和珠宝为特色的装饰。文艺复兴时期，罗马式风格被哥特式风格所取代。

第二节　典型首饰及分类

中世纪首饰具有繁华、细密、庄重、神秘的风格。大多数作品受到基督教的深刻影响，题材上多宗教故事、多象征意义，创作思想多理想主义和主观情绪的表现，少写实手法，制作上具有宗教虔诚的态度，精工细琢，精益求精。

按基督教教义，人们的生活方式应该是清心寡欲，首饰和其他装饰品是被抵制的。教会一再警告：女孩子不要受宝石的诱惑，要将一切献给上帝。但是佩戴有十字架或刻有基督教题材的项链挂坠，则被看成是虔诚的表现。人们认为这类首饰具有护身符作用，佩戴者受到神的庇护。每当重要的宗教活动时，朝圣者不仅要佩戴宗教性的首饰，还要将首饰献给教会。而统治阶级，包括高级神职人员和宫廷贵族，则依然盛行佩戴各种首饰。

中世纪的拜占庭是首饰设计和制作的大本营，欧洲的许多首饰样式和工艺都出自拜占庭。"十字军东征"后，掐丝珐琅工艺从拜占庭传入欧洲。到 12 世纪，金掐丝珐琅逐渐被铜珐琅工艺取代。铜珐琅是不透明的，色彩的边缘分明，这种技术可以用不贵重的材料制成色彩鲜艳、价值昂贵的工艺品。约在 1300 年，巴黎艺人又将它转化为半透明的银珐琅，将半透明的珐琅釉浇到银制的有着浮雕的底子上，光线射到银子上，由于彩色珐琅釉的反射，产生鲜艳夺目的发散亮光。这种工艺技术很快地传遍全欧洲，一直持续到 16 世纪。当时的教堂一直是用银珐琅来制成圣物。此外，德国的美因茨、法国的巴黎和利莫日、意大利的威尼斯也是欧洲重要的首饰制作中心。

中世纪凯尔特艺术和珠宝尤为重要。其中最著名的主题是"凯尔特结"，其几何交错的螺旋图案与古代挪威文化相似。重复的连锁模式被认为代表着友谊、爱情、团结和婚姻（结婚）的纽带。连锁有几个变体，包括圆形、十字、螺旋、波浪和三位一体等图案。凯尔特螺旋或"生命的螺旋"则被认为代表着一年四季的小循环，以及生命、死亡和重生的大循环。

盎格鲁—撒克逊人制作的胸针、扣环、手环等，工艺十分精湛。这一阶段的很多名贵工艺制品都是从位于萨福克郡的萨顿胡遗址出土的，那里本来是一位盎格鲁—撒克逊国王的陵墓，保存完好。从萨顿胡遗址出土的一对黄金肩扣，每个肩扣都是通过扣针将两个分开的部分连接的。肩带上面的蛇形纹样相互缠绕，构成了一幅精美的图案。肩带两端各有两头野猪，这件珍品显示出盎格鲁—撒克逊人的聪明。来自意大利的玻璃，以及印度的石榴石，这些精美的棋盘图案，有些只有一毫米宽，当今只有少数顶级珠宝师才能仿制出来。（图13-1）

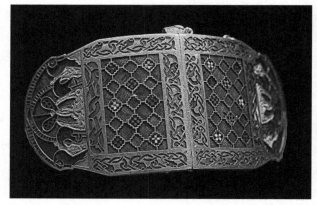

图 13-1　黄金肩扣

中世纪首饰的主要种类是与宗教信仰相关的十字架、祭坛、香炉、圣餐杯、权杖、圣物盒等，也有传统的戒指、项链。祭坛是教堂中象征上帝、圣母和基督所处的圣殿。多数教堂是陈列木雕圣像和十字架，背景镀金和宝石镶嵌。但意大利威尼斯圣马可大教堂的圣坛背景是整块的黄金面饰，它宽 3.48 米，高 1.40 米，由 83 块金片组成，上面镶嵌着无数宝石，再用珐琅釉描绘了基督、圣母、圣徒马可的形象，是世界上最大的黄金祭坛。它是公元 10 世纪拜占庭的作品，12 世纪"十字军东征"时被掠夺到意大利。香炉是人们祈祷时焚香和承香灰的器具。罗马式和哥特式风格的香炉通常以教堂建筑的形象为母题。威尼斯圣马可大教堂保存的一座金银香炉，是拜占庭中后期的作品。其外形取材于圣马可大教堂的建筑形象。圣餐杯的早期造型与一般杯形无甚差别。爱尔兰都柏林所藏的阿达夫圣杯基本造型是双耳酒杯，但在材质和装饰方面十分考究。12 世纪以后，圣餐杯的杯形开始变化，取消了双耳，杯体做成半椭球形或圆锥形，中间的把手和底座装饰越来越多，大都是六角形，用复杂的哥特式图案来装饰。圣彼得堡艾尔米塔什博物馆所藏的圣餐杯，是典型的拜占庭风格。权杖象征主教的地位和权力，开始时只是一根木棒，顶端有时加一个球或简单的旋涡形把手，以后装饰越来越繁复，变成一种华贵的圣器。15 世纪爱尔兰的一根权杖头饰周身镀银，下端是一个袖珍的祭坛，上部装点着三叶草，象征圣父、圣子和圣灵三位一体。圣遗物箱是盛放圣徒与教皇、国王、大主教遗骨和遗物的器皿。圣遗物箱制作盛期与 10 世纪以后教会掀起"朝圣热潮"有关，各大教堂以珍藏圣物为荣。因此，圣遗物箱的制作便十分精致，材料有金银、宝石、象牙和珐琅。13 世纪的查理曼大帝的圣遗物箱，是完整的建筑物拱门中镶有人像。12 世纪的圣亚历山大遗物箱，雕刻有精美的圣亚历山大头像。13 世纪的鸽形圣遗物箱，造型是一只鸽子，鸽子在基督教中是圣灵的象征。以下介绍几类重要的首饰。

　　王冠是教皇或国王的专用装饰。拜占庭君士坦丁九世蒙诺玛契斯（Monomachos）的王冠，作于公元 11 世纪，以黄金制成，分成 8 块，上面是彩色的釉面饰板，画着君王的肖像。13 世纪德国皇后康斯登丝（Queen Constance，弗里德里克二世之妻）的冠冕可能出于拜占庭艺人之手，它像一顶头盔，用丝做成，上面有用珍珠串成的饰带，表面镶着珐琅和各色宝石，两边垂着金链条。（图 13-2）

　　10 世纪德国奥托一世的王冠也是八角形的，"八"在当时象征着完美。八个纯金面上装饰着宝石、珍珠。还有小天使簇拥基督的画面和圣徒大卫、所罗门及以萨，象征着正义、聪明和长寿。14 世纪法国白朗卡公主（Princess Blanca）的冠冕为透空式样，轻巧而华丽，显示了新宫廷首饰风格。

　　挂坠一般串在项链上，中世纪的形式大多是十字架。高级神职人员专用的十字架形挂坠通常镶着红宝石、祖母绿和珍珠，背面镌刻着圣经语句。（图 13-3）

　　还有一种三联画形的挂坠，它是一个微型祭坛，中间是基督、圣母玛利亚和圣约翰，两翼是天使，大约是公元 8 世纪至 9 世纪的作品。（图 13-4）

　　在 11—12 世纪的德国，青铜或银铸成的透雕挂坠十分流行。11 世纪早期的一件青铜挂坠，表现的可能是人首鸟身的海妖塞壬与蛇的搏斗。13 世纪的法国北部，有哥特式风格的吊坠。15 世纪，法国宫廷中妇女流行穿低胸的紧身衣，裸露的前胸正好佩戴项链与挂坠。此时钻石的平面切割术已经发明，在挂坠上镶嵌一颗大钻石，成为宫廷中的时尚。

　　颈饰由项链和项圈组成。拜占庭的金项圈很有特色，项圈下方通常连着一个胸饰。如图 13-5 所示是公元 6 世纪的一件金项圈，下方胸饰上有着《受胎告知》的浮雕，叙述的是天使告诉圣母玛利亚，说她已经怀上了圣子。

　　如图 13-6 所示的一款精美的新月形项圈，是拜占庭工

图 13-2　蒙诺玛契斯的王冠

图 13-3　拜占庭十字架形挂坠

图 13-4　三联画形挂坠

图 13-5　拜占庭的金项圈

艺与东方甚至古埃及工艺的结合，圈身是黄金制成，上面镶着宝石和珍珠，圈边连着 17 颗石榴石，圈的两端是程式化的鹰头造型。

居住在北方的凯尔特贵族戴的金丝项圈两端开口，有着精细的装饰。

6 世纪日耳曼人所建的东哥特王国有一种精细的工艺，将细小的金环串成一条项链，金环的细部是动物的抽象造型。

饰针有多种用途，有的是护身符，有的是纯装饰性，有的是将披肩别住的衣扣。拜占庭帝王和贵族用巨大的饰针缀在斗篷上，饰针一般是圆形的，周边围着宝石或珍珠。如图 13-7 所示是公元 7 世纪的一枚拜占庭风格掐丝金饰针，中心是一个戴耳饰和胸饰的女贵族形象，周围是两圈珍珠。

西哥特的鹰形饰针，以鹰作为高贵和力量的标志。（图 13-8）

东哥特的饰针形式颇为独特，如图 13-9 所示是一枚有 7 个乳突的银制饰针，乳突做成抽象动物头形，表面布满点、圈、三角形、波形几何图案。

法兰克王国一度是欧洲最强大和富裕的国家。公元 6 世纪法兰克妇女将饰针戴在肩上或别在腰带上，通常为圆形或四叶形，上面镶满各种宝石。（图 13-10）

19 世纪时，考古发现了一批重要的首饰，包括项链、饰针、耳饰、戒指等，被称为"吉赛拉首饰"。它们属于罗马时期的奥托王朝，物主是 1024 年登基的孔拉二世之妻吉赛拉皇后（Empress Gisela）。其中有一枚精美绝伦的饰针，以金银细工编成图案，中间是掐丝珐琅的三叶草团花，中心刻成十字架形的蓝宝石，周围镶着红玉髓、紫晶、石榴石、祖母绿和蓝宝石。（图 13-11）

还有一枚鹰形饰针，作为皇室象征的鹰是以掐丝珐琅制成的。

图 13-6　黄金宝石项圈

图 13-7　掐丝金饰针

图 13-8　西哥特鹰形饰针

图 13-9　东哥特银饰针

图 13-10　法兰克四叶形宝石饰针

图 13-11　"吉赛拉首饰"中的
镶宝石金饰针

哥特式时期，流行护身符性质的饰针，如图 13-12 所示是骑士佩戴的护身符，以掐丝珐琅工艺表现圣母玛利亚、圣子和天使的形象。

中世纪晚期，在意大利和法国，妇女风行佩戴超大型的饰针，上面雕刻着精致的《受胎告知》圣经故事，四周镶满珍珠，正下方是珐琅的家族纹章。（图 13-13）

戒指和耳饰也是生活中常见的首饰。拜占庭教会规定：男子可以戴一枚金的结婚戒指或订婚戒指，女子则只能戴银或铁戒指。戒面上一般镌有姓名字母，这是继承了古罗马传统。（图 13-14）

还有镶嵌宝石的戒指表面有掐丝珐琅工艺，顶端是青玉戒面。

哥特式时期，戒指的含义甚为庄重，它是爱情忠贞的象征，教会甚至颁发布告，谁为女孩子戴上哪怕是假托的指环，谁就必须与这位姑娘结婚。拜占庭继承着古罗马的传统，盛行长长的缀满宝石的耳饰。（图 13-15）

法兰克王国时的耳饰纤细而轻巧。

奥托王朝留存的"吉赛拉首饰"中，有一副镶着许多宝石的耳饰。（图 13-16）

第三节　制作工艺

珐琅按照用途分类，可以分为美术珐琅和工业珐琅。以金属胎的金属加工工艺为标准分类，珐琅可分如下几种：掐丝珐琅、錾胎珐琅、捶胎珐琅、透明珐琅和透光珐琅。

掐丝珐琅，又叫有线珐琅，是金属胎珐琅器工艺品中的一种。因其底色主要是蓝色，明朝景泰年间制作工艺最为精湛和普及，所以称为景泰蓝。掐丝珐琅是根据设计需要把金属扁丝弯成一定的图案造型，然后焊到金属胎上面，在这个图案造型的格子里填充釉料，最后烧结而成。

图 13-12　掐丝珐琅护身符饰针

图 13-13　《受胎告知》饰针

图 13-14　镌有姓名字母的戒指

图 13-15　拜占庭宝石耳饰

图 13-16　"吉赛拉首饰"中的宝石耳饰

錾胎珐琅是使用金属雕錾技法制胎的珐琅工艺。錾胎珐琅的具体工艺过程是：先在已制成的金属胎上，按照图案设计要求，运用金属雕錾技法，在纹样轮廓线以外的空白处，进行雕錾减地，在其下凹处点施珐琅釉料，经过烧结、磨光、镀金而成。

捶胎珐琅是在金属胎背面用金属捶揲技法起线，而不是以雕錾法起线。捶胎珐琅器大约始于18世纪初，实物依据是雍正年间制造的捶胎珐琅八音盒。

透明珐琅也是珐琅工艺的一种。13世纪末，透明珐琅制作工艺首先由意大利工匠发明，当时的透明珐琅基本为单色半透明的性质。到14世纪末15世纪初，法国工匠制作了多彩透明珐琅器，使得这一工艺进步明显。

画珐琅又称洋瓷。其制作方法是先于红铜胎上涂施白色珐琅釉，入窑烧结后，使其表面平滑，然后以各种颜色的珐琅釉料绘饰图案，再经焙烧而成。

透光珐琅又叫镂胎珐琅，因为胎体为镂空的形式，两面通透，且用的釉料多为透明釉，在一定的光线下就像一个小型的花窗，金属丝就像花窗上的嵌条，故名透光珐琅。

近现代以来传统工艺又有进一步发展，手法更易掌握。

 思考题

浅谈拜占庭的文化艺术对欧洲大陆的影响，并举例说明。

第十四章　文艺复兴时期的首饰

第一节　时代背景

公元 14 世纪至 16 世纪，欧洲兴起了一场新兴资产阶级思想文化运动。这场运动被 16 世纪的意大利史学家瓦萨利认为是古代文化的复兴，因而称之为"文艺复兴"。文艺复兴最初开始于意大利，后来扩大到德、法、英、荷等欧洲其他国家。

文艺复兴时期的经济基础雄厚。威尼斯依靠庞大的海上商队，在对外贸易中取得巨大财富；热那亚、米兰则与中东及北欧有大额的贸易往来。佛罗伦萨以发达的金融业和羊毛工业而闻名。东方航线的开辟，使黄金、白银、珍珠、香料、纺织品以及其他稀有的产品大量输入欧洲，带来了新的生活方式，刺激了欧洲手工艺的发展。城市的巨商富豪与旧贵族融合，产生了一个新的城市贵族集团，他们把持城市的经济和政治领导权，建立城市国家，一定程度上摆脱了教会和封建贵族的控制。这是文艺复兴运动产生的先决条件。

文艺复兴时期的科学技术发展迅猛。波兰科学家哥白尼否定了教会的信条——地心说，指出太阳是宇宙的中心。意大利物理学家伽利略用天文望远镜的观测证实了哥白尼的学说。德国人古登堡发明了铅活字印刷，印刷术引发了信息技术的第一次革命。从此，知识可以被复制并广泛传播。过去只有贵族能够垄断的知识，通过印刷，成为普通人能够得到的东西。这也是促使文艺复兴形成的重要条件。

在文艺复兴时期，手工业作坊已经十分发达。意大利佛罗伦萨与德国纽伦堡的金银细工和首饰作坊、威尼斯的玻璃作坊、英国的细木工作坊都以它们精美的产品而著名。同一门类的作坊由各种专业性的行会组织负责管理。行会对手工艺人的监督是十分严格的，学徒期满由行会进行考核，工匠的作品由行会进行鉴定。手工艺人取得师傅资格后，他接受订货的数量、他是否可以离开本作坊到另一个作坊或到国外去工作都要得到行会的许可。

文艺复兴的思想文化运动发端于资产阶级萌芽最早的意大利。公元 14 世纪时，这里出现了一股"人文主义"的新思潮，要求以人为中心来考察一切，反对以神为中心。最早提出人文主义思想的是佛罗伦萨人彼特拉克，他搜集、研究古希腊、古罗马作品，首先提出"人学"与"神学"的对立，反对罗马教皇和经院哲学的束缚。人文主义以后发展为贯穿于资产阶级文化的基本价值理想和哲学观念，即"人性论"和"人道主义"。它要求尊重人的本质、人的利益、人的需要、人的多种创造和发展的可能性。在人文主义思想的推动下，欧洲各国的文化艺术出现了前所未有的发展和新面貌。

第二节　典型首饰及分类

文艺复兴时期大量艺术作品的题材和内容都是与宗教有关的，但在宗教题材的作品中透露出人文主义思想，这是文艺复兴时期许多艺术作品的表现特点。与中世纪所奉行的禁欲主义和等级森严的生活方式不同，由新生的资产阶级与旧贵族共同组成的上层社会，推行一种奢华而精致的生活方式，刺激了与工艺美术有关的衣、食、住、行相关产品的生产与创新，使工艺美术的各种品种呈现自由豪放、富丽繁华、充满创新精神的风格。

文艺复兴是首饰艺术发展和转折的时期。当资产阶级以财富进入与贵族同等的上层社会之时，首饰对社会地位的象征意义被它的装饰和美化意义所取代。人们发现用闪亮的珍珠宝石和冷冰冰的金属来映衬女性温柔的肌肤，有特别动人的效果。首饰的使用开始普遍化。首饰与服装的配合是此时期首饰发展的重要特色。

服饰珠宝开始出现在礼服的胸衣上，而不是像中世纪那样出现在边缘。欧洲贵族的衣服上都挂满了各种各样的首饰、扣子、金饰和一串宝石或珍珠。事实上，几乎所有可以被珠宝化的东西都被提交给了宝石和黄金镶嵌。从图 14-1 所示的伊丽莎白一世的肖像画中可以看出，女王的身上戴着繁复的头饰、耳饰、项链和挂坠，穿的长袍上缀着许多珍珠和宝石。

文艺复兴时期的首饰加工技术也有新的突破，其标志是 15 世纪宝石切割技术的出现。从此宝石不再是圆顶平底式样，而是被切割成多棱体，使它能反射出耀眼的光彩。欧洲传统的珐琅技术、波斯的细密画技术、古罗马的凹雕宝石技术在首饰工艺中得到综合运用，使首饰呈现丰富多彩的新面貌。

彩色宝石仍然很受欢迎，蓝宝石、红宝石和祖母绿是

图 14-1　伊丽莎白一世的肖像画

最受欢迎的宝石，做成的红宝石吊坠、饰品非常流行。除了里斯本，巴塞罗那在西班牙和葡萄牙掠夺南美之后成了一个重要的彩石贸易中心。起初，墓地和寺庙是宝石、银和金的主要来源，但到 16 世纪中叶，西班牙人已经在哥伦比亚找到了祖母绿矿床，并建立了矿山。葡萄牙人进一步占领斯里兰卡，直接进入岛上的刚玉矿床。缅甸红宝石因其最饱满的红颜色而备受推崇。珍珠非常受欢迎，主要产自波斯湾。

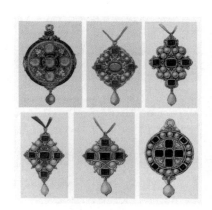

图 14-2　嵌宝石吊坠

　　文艺复兴时期最重要的珠宝是吊坠。它取代了中世纪的胸针，成为最常见的珠宝，戴在项链上，长长的金链子上，固定在裙子上，或者戴在腰带上的链子上。吊坠的设计通常是从两侧都可以看到，其珐琅背和镶嵌宝石的正面都令人印象深刻，如 1532 年汉斯·霍尔宾设计的首字母系列吊坠。从 15 世纪晚期开始，功能性的吊坠，如牙齿和耳钉吊坠也出现了。（图 14-2）

　　如图 14-3 所示的 1560—1570 年制作的色彩斑斓的鹦鹉吊坠也是这个时期的代表作，这件作品用丰富的选材和活跃的色彩阐释了文艺复兴珠宝的精髓。掐丝珐琅工艺被纯熟运用，细致入微，色彩搭配愈发成熟，钻石、宝石、珍珠与珐琅协调呼应，色调热烈、唯美。鹦鹉是圣玛丽亚的象征，兔子和蜗牛则代表西方价值观中女性的美德，这枚吊坠寓意深刻。

图 14-3　鹦鹉吊坠

　　文艺复兴时期，常常看到有人五个手指戴满戒指，甚至一个以上的关节上也佩戴了戒指。中世纪的姓名戒指逐步演化为镌刻着家族纹章的戒指。戒指通常是镶宝石的，装饰得比以往任何时候都丰富。在戒指的边框下隐藏的空间允许隐藏有香味的材料，试图掩盖由于不卫生造成的恶臭。每当臭味变得太多而无法散开时，人们可以将戴着戒指的手举到鼻子上缓解。有的戒指上有指南针和日晷，16 世纪后期，有时时钟也被纳入其中。最经典的还是婚戒，如 16 世纪斯坦·斯图尔和克里斯蒂娜·于纶谢娜的结婚纪念戒，戒指内侧刻着"无人能将神结合的人分开"的字样。戒面上包围镶嵌着蓝宝石、红宝石、祖母绿和水晶，戒指两侧有手捧红心的设计，传递着两人的爱心和情义。戒指设有巧妙的机关可以转开，里面有

图 14-4　结婚纪念戒

一具小巧的黄金骷髅骨架，这在西方寓意长久。（图14-4）

第一款便携式钟表大约在1500年左右被研发出来了，但这时还没有手表。钟表被纳入现有的珠宝，如戒指、绒球和吊坠。1650年，英国伦敦出品了一件珐琅钻石怀表，通身赤金打造，绘以黑色珐琅作为基底。表壳正背两面皆是精致繁复、质感厚重、缠绕交叠的彩色花朵。背面花朵由光滑润泽的珐琅制成，正面则除了有小部分珐琅的运用，还有呈环状分布、满满镶嵌的92颗钻石。怀表内部的表盘上是用釉彩描绘的风景和白色珐琅所制的刻度盘。另一面，湛蓝色的风景上是用黑漆描绘的田园风景，给耀目的华贵平添了几分淡泊诗情。（图14-5）

香盒是另一种用来掩盖不良卫生的珠宝，里面装着香糖或香水。当时跳蚤非常严重，人们使用叫作跳蚤皮毛的东西，通常是貂皮做的，希望使跳蚤被吸引而从自己身体上离开。在这个光彩夺目的时代，甚至这些跳蚤皮草也要加以装饰，正如图14-6所示的约1595年英国画家所作的这幅图中那位女士的右手所持的香盒。

耳环在中世纪消失了一段时间后又回来了。它们通常是简单的梨形珍珠或宝石滴，要么悬挂在穿孔的耳朵上，要么系在耳朵上，也有单宝石字母，黑色或（幻想）海洋生物耳环。从17世纪初开始，耳环长度增加，几何更加规整。文艺复兴时期，冠毛成为妇女头上的一个新景观。

项链是文艺复兴时期十分普遍的首饰。在不少肖像画上，可以看到富裕的男士女士佩戴着沉重的金项链，或是长长的珍珠项链。公元15世纪的意大利女装开了很大的敞胸，项链更成了显露富贵和衬托女性肌肤之美的重要首饰。在稍后时期，从印度和斯里兰卡进口的钻石和青玉成为最贵重的首饰材料，钻石项链被视为顶级的贵妇装饰品。如图14-7所示的16世纪末的一件黄金项链，由14颗较大的金珠串成，中间间隔着颗颗小珠。大金珠运用了非常繁复的掐丝金工技艺，包括盘绕、扭转、雕刻等技法。苏格兰工匠真是心灵手巧，这些工艺有的被单独运用，也有多种技法被组合应用后华丽亮相在一件珠宝中。这串金链完美结合了各种精妙的工艺，体现了工匠细腻娴熟的超凡匠技。大颗的金珠应该是用来装香膏的，

图14-5　珐琅钻石怀表

图14-6　手持香盒的女人

图14-7　装有香膏的黄金项链

这串项链可谓是一件既可装饰又具备实用功能的珠宝。

　　1840 年后，历史主义如期而至。19 世纪末，历史主义
风格珠宝从哥特、伊特鲁里亚、古埃及以及亚述、摩尔人的
艺术中汲取营养。同一件作品中，我们能看到不同历史风格
的融合，在一件珠宝上常常能看到文艺复兴主题、哥特式宝
石镶嵌以及埃及和希腊细节元素融合的奇特景象。典型代表
是艺术大师米开朗琪罗设计的黄金宝石手镯，由意大利顶级
珠宝工匠奥古斯托·卡斯特拉尼亲手完成。四条首尾相连的
古体蛇围绕在中古时期的怀旧造型宝石周围，展现了无与伦
比的华丽和大气。蛇的鳞片精雕细琢，蛇头顶金粒的工艺很
见功力。红宝石和祖母绿的搭配凸显了异国灵感的深刻影响。
（图 14-8）

图 14-8　黄金宝石手链

　　帽徽是这一时代的首饰新品种，专为男士所用。公元
16 世纪早期的意大利盛行男士戴一顶无檐便帽，人们习惯在
便帽上佩一枚徽章，除了装饰作用之外还有表明社会地位的
意义。帝王和贵族则佩戴珍珠和宝石镶嵌的帽徽。与帽徽配
套的是胸章。上层市民风行射箭运动，获奖的射手可以佩戴
一枚刻着弓箭的胸章。

　　如图 14-9 所示为 15 世纪一位射手的肖像画，可以看
到他的便帽上有一支穿透的箭和一枚鹰形帽徽，胸前佩着一
枚弓箭形象的胸章。

图 14-9　帽徽

　思考题

试分析文艺复兴时期挂坠的工艺特点。

第十五章　巴洛克和洛可可时期的首饰

第一节　时代背景

巴洛克时期是西方艺术史上的一个时代，大致为 17 世纪。其最早的表现，在意大利为 16 世纪后期，而在某些地区，主要是德国和南美殖民地，则直到 18 世纪才在某些方面达到极盛。

17 世纪后半叶发生了宗教冲突，分裂了欧洲，导致许多新教工匠逃离天主教出生国，在荷兰共和国等新教国家寻求庇护。法国法院成为新的领先时尚引领者。文艺复兴时期，西班牙和奥地利的哈布斯堡法院履行了这一职责，通过外交婚姻和政治影响使法院着装统一。国际贸易蓬勃发展，中产阶级的商人和工匠得以大量增加财富。这使得资产阶级开始购买那种直到那时一直为贵族所保留的珠宝。零售珠宝商是在 17 世纪出现的，与过去的工匠珠宝商不同。

巴洛克风格的产生与宗教王权的斗争相关。16 世纪的宗教改革使保守的基督教感到威胁，于是欧洲南部意大利、西班牙等国反对宗教改革，其教会与封建主相联合，一方面重申基督教的教义和仪式，宣扬教皇的权威。另一方面，在一些王权专制国家主要是法国，虽然提倡古典主义，以适应王权独裁意识，但对于贵族们来说，他们本身的生活方式却受不了古典主义刻板和严肃的束缚，而乐于用意大利艺术家带来的巴洛克风格来装饰生活环境。因此，改变以往苦行主义的形式，接受文艺复兴时期某些豪放华丽的元素，使教堂建筑、装修、宗教绘画显得富丽、豪华、热情，更富世俗味的巴洛克风格成为主流。

"洛可可"可以认为是晚期巴洛克风格的一部分，从 1715 年即法国摄政时期开始，延至 1774 年法王路易十五逝世，但其艺术风格流传至德国、英国、意大利、丹麦等国。"洛可可"一词原是指巴洛克时期的一种贝壳细工，以后引申为纤细、柔美、精致的艺术风格，与华丽、激荡、富有运动感的巴洛克风格有所不同。

第二节　典型首饰及分类

16世纪末到17世纪初，珠宝首饰的装饰图案逐渐发生了变化，变得富有对称性并配以不同类型的宝石，其中出现了蔓藤花纹图案。这一时期正由文艺复兴晚期向巴洛克早期过渡，新风格发展缓慢。如图15-1所示是该时期珠宝的一个典型例子。首饰的中心是一个古老的浮雕，周围是对称排列的钻石、红宝石和珐琅黄金。

图15-1　饰有蔓藤花的首饰

后来，人们尝试将珐琅的明亮色彩与黄金镶嵌宝石相结合。通常做法是把金属材质作为轮廓，雕刻成蔓藤花纹的图案，然后用珐琅做成各式花纹进行装饰。切割与镶嵌工艺的改进和质量的提高，使得宝石镶嵌更加突出和提高了宝石刻面的光泽。更先进的切割工艺使得宝石的形状更加多样。珠宝制作者开始强调展示宝石本身，而不仅仅是它的黄金底座。17世纪早期，丹尼尔·米格诺设计的吊坠使用蔓藤花纹图案，用排列整齐的钻石营造类似建筑的外观效果并体现了极强的对称性。（图15-2）

图15-2　丹尼尔·米格诺设计的吊坠

17世纪的第二个十年，珠宝设计倾向于自然主义。这种趋势开始于法国，很快传遍了欧洲。在接着的二十年中，豆荚形状和晚一些时候的花变得非常流行。异国花非常受欢迎，与近东贸易的繁荣引发了对品种丰富的进口花的狂热。花神弗洛拉，从16世纪末开始流行于刺绣，也被现代珠宝设计师用于装饰首饰。花卉通常画在珐琅或雕在珐琅上，随处可见。从1650年开始，花卉被雕刻在金属上。（图15-3）

17世纪后半叶，刻面宝石在设计中的重要性进一步提高。宝石装裱变得更加精致，设计方案从密集型转移为自然主义和弓形带状。弓形是巴洛克珠宝中最流行的特征之一。它起源于用来把珠宝固定在长袍上的丝带，后来变成流行图案。从许多肖像和图案上可以看到，弓形胸针或吊坠通常由贵重金属制成，

图15-3　镜子背面的装饰

图 15-4　红色雄鹰胸针

图 15-5　蒂凡尼珊瑚套件首饰

图 15-6　蝴蝶结胸针

饰以宝石、珍珠和珐琅。17 世纪中期，"太阳王"路易十四用希腊神话中的阿波罗来为自己立名，以配得上他那在位 72 年的超长执政时间以及自命不凡的霸气。红色雄鹰胸针上头戴王冠、手拿权杖的鹰代表了"太阳王"的王室威严气势。鹰身镶嵌着一颗深红色心形切割石榴石，展开的翅膀和尾翼则缜密镶嵌着 38 颗红宝石。翅膀上金属结构的羽毛根根分离，工艺极其精细。鹰的尾部垂坠一颗精巧的珍珠，瞬间平衡了雄鹰的霸气，平添一丝温婉韵味。除了红宝石羽毛，鹰身还用细腻的珐琅工艺刻画了黑白相间的羽毛，纯手工描绘，栩栩如生。整件作品一丝不苟，展现了御用工匠的水平。（图 15-4）

17 世纪末，不对称的花束或单独的花朵设计盛行，珐琅质的使用大大减少，白天佩戴的珠宝和晚上烛光中佩戴的珠宝开始差异化设计，这种趋势在格鲁吉亚时期进一步发展。

洛可可风格属于格鲁吉亚时期，它与晚期巴洛克风格有继承性。1730 年，洛可可风格在法国诞生。随后的几年里，它在整个欧洲蔓延开来，其特点是自然主义设计的不对称性，花、叶子和羽毛的式样被錾花或刻在金属上。19 世纪，美国从意大利进口的珠宝中，有一套蒂凡尼珊瑚首饰，精致的花瓣每片都略为不同，正如大自然中真正鲜花的风貌。胸针底托被做成自然花柄的形状。耳环上的那枚玫瑰可以被取下，耳环的长短可以借此进行巧妙的调节。（图 15-5）

18 世纪的一套俄国蝴蝶结胸针，银质镶钻，用于宫廷礼服的装饰，大的戴在胸前，小的别在两边肩上。（图 15-6）

洛可可风格主要用于功能性珠宝，如吊坠和鼻烟盒。珐琅在珠宝中作为一种装饰技术已被彻底抛弃。

从材质上看，在巴洛克时期珍珠首饰很受欢迎。许多画像中都可以看到珍珠首饰，通常用于短项链、耳环、发带以及胸衣、袖子和腰部的衣扣等。耳环通常使用简单的水滴形珍珠，悬挂在金耳环上。1650 年，耳环的设计出现了更精致的款式。17 世纪晚期最典型、最著名的耳环类型是吉兰多勒耳环，它由一个中心部分组成，中心部分悬挂着三个独立饰物。（图 15-7）

1590 年，由荷兰大师制作的珍珠项坠堪称 16 世纪的精品。天鹅

图 15-7　英国奥尔良公主肖像

的主题巧妙地选用一颗巴洛克异形珍珠来表现，创意十足。王室贵族们钟情于巴洛克珍珠的光泽和形状可以带来广阔的幻想空间。项坠上的天鹅不仅惟妙惟肖，珐琅工艺与镶嵌工艺的无痕融合更让人赞叹。（图15-8）

图15-8　天鹅主题珍珠吊坠

在巴洛克时期，钻石也非常受欢迎。葡萄牙、英国和荷兰贸易公司开通了海路抵达印度，加强了与印度的贸易，钻石的供应量大大增加。17世纪早期发现了一个重要的钻石矿床：戈尔康达地区的海得拉巴。得益于这些交易和矿床，这一时期出现了不少著名的钻石，如摄政王巨钻、希望蓝钻等。其中，摄政王巨钻发现于印度科鲁尔矿，后来由410克拉切割为140.64克拉，无瑕级完美。1722年，路易十五的王冠上就镶嵌着这颗钻石。后来，拿破仑一世对它爱不释手，把它镶嵌在佩剑的剑柄上。拿破仑三世结婚时，摄政王钻石被镶在欧仁妮皇后的新冠冕上。目前，这颗钻石收藏于卢浮宫。（图15-9）

图15-9　摄政王巨钻

"希望蓝钻"也出自印度，因晶格中含有硼杂质而呈现蓝色。据研究，它最早形成于10亿年前距离地面150千米的地层中，由火山爆发带到地面上来。它有45.54克拉，VS1净度，深彩蓝的天然带灰色调的蓝钻。即便后来被镶石的链子穿起来成为一枚尊贵的项链，它永远都是独一无二的。它的履历也很传奇，18世纪它的主人被推上断头台，1839年被银行家亨利霍普收藏而后家道中落，新主人艾弗琳·沃什·麦克林儿子车祸身亡，女儿自杀，丈夫住进精神病院。从此，这颗蓝钻被视为诅咒的宝石。（图15-10）

图15-10　"希望蓝钻"

在彩色宝石中，红宝石、绿宝石和黄玉是最珍贵的品种。为了满足日益增长的资产阶级的需求，生产了大量的高品质仿彩宝石。1650—1750年的一个水晶护身符，是在厄兰岛出土的文物，它的主人已经不得而知。从材料上看，铜质项链上挂着一颗超大水晶，水晶从数百年前就被视为有治疗功效的圣石。水晶下面连着一个牛皮制成的心形坠饰。它应该是爱情信物。（图15-11）

在诸多珠宝首饰种类中，手表获得了新的发展。在17世纪，手表就成为装饰品。在文艺复兴时期，时钟已经被整合到当时的各种装

图15-11　水晶护身符

饰物中，巴洛克时期的手表则成为独立的装饰品。几乎所有可能的技术都被用于表壳的制作，包括在搪瓷领域的宝石、雕刻和压花等，使其成为最惊人的珠宝物件。

从珠宝的佩戴使用来看，法国男人的珠宝是最奢侈的。在英国，男人的珠宝更为朴素。17世纪中叶，在奥利弗·克伦威尔的清教徒统治下，欧洲大陆的时尚似乎对英国影响不大。带有被处决国王查理一世的微型画像的保皇党珠宝在反对清教徒主义的人中变得流行起来。西班牙男人佩戴的珠宝最少，除了一些骑士的物品外，珠宝的佩戴受到法律的限制。

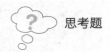 思考题

浅谈巴洛克时期珠宝首饰的主要分类和发展情况。

第十六章　新古典时期的首饰

第一节　时代背景

新古典主义起源于古希腊、古罗马的经典主题。这种风格形成于 1760—1830 年。新古典主义艺术的特点是庄重简洁、多用直线样式，其涉及范围很广，包括绘画、雕塑、建筑和工艺美术。

工业革命由英国开始，到 18 世纪在欧洲的绝大部分国家已经完成。工业革命引起了社会经济政治结构的巨大变化：以农业庄园经济为依靠的封建贵族阶级没落了，城市资产阶级成长并富裕起来，他们在要求政治地位的同时，也要求有一种朝气蓬勃的艺术来表现他们的美学理想。过去风行的洛可可艺术不但烦琐萎靡、柔弱纤细，不符合新兴资产阶级的口味，而且在政治运动中被视为旧贵族阶级的象征物，因而遭到淘汰。

当时兴起的启蒙主义哲学思潮成为新古典主义的理论支柱。启蒙运动是资产阶级进步思想家如伏尔泰、狄德罗等人发起的一场文化运动。其宗旨是崇尚"理性"，反对教会权威。启蒙运动很重视艺术教育，主张通过艺术向公众传播良好的道德。新古典主义艺术所表现的高雅、简洁和匀称，为启蒙运动思想家所推崇。

此外，18 世纪中期对古罗马的赫库拉努姆城和庞贝城的发掘直接导致了新古典主义的诞生。两座古城在公元 79 年被维苏威火山爆发产生的火山灰所掩埋，当时发掘出两城留存的宏伟的建筑遗迹和精美的壁画，深深地震撼了当时富有新思想的文化人士，引起了他们对古典艺术和古代共和制度的强烈兴趣。艺术家纷纷将古罗马和古希腊的艺术元素运用到作品中去，形成了艺术上新古典主义的潮流。

新古典主义在欧洲传播很广，对大洋彼岸的美国也有影响，在各国所表现的形式稍有不同。如在法国，前期表现为路易十六式，后期表现为"帝政式"，在英国称为"摄政式"等。

第二节　典型苗饰及分类

从 17 世纪后 20 年到 18 世纪中期，首饰用以标志等级和特权
的功能，因君主制的取消而废除，首饰生产分化了。一方面，一些手
工作坊继续生产手工制作且精细昂贵的首饰，满足上层新贵们的需求；
另一方面，一些采用新技术的机器批量制成的首饰，用冲压、浇铸和
元件装配，生产项链、胸针、耳饰等，来供应新的中产阶级。例如在
英国，伦敦集中了一些高档手工作坊，而伯明翰则出现了一些机械化
的首饰工厂。

图 16-1　蓝宝石皇家珠宝套件

按照 18 世纪晚期的新理念，人们更重视相对便宜的宝石，如海
蓝宝石、紫水晶、玉髓、绿松石、珊瑚、琥珀、天青石和石榴石。有
一套著名的蓝宝石皇家珠宝，曾经被霍尔腾王后、玛丽王后和奥尔良
的伊莎贝尔陆续珍藏。它所集齐的一套大克拉、高净度、纯天然的斯
里兰卡蓝宝石世所罕见。整套珠宝可以看出摄政风格向维多利亚风格
的转变。（图 16-1）

由替代材料，如廉价宝石、铜锌合金、水晶玻璃制成的服装首饰非常流行。占主导地位的合金开
始从 18 K 转变为金含量较低的 14K 和 8 K。从 1796 年起，浮雕玉变得非常流行，拿破仑甚至为
此开办了一个宝石雕刻学校。19 世纪初，人们开始用更便宜、更容易加工的贝壳来替代宝石。意大
利托雷德尔格雷科（靠近那不勒斯）的工作室是这些贝壳和珊瑚雕刻的主要中心。许多浮雕是用玻璃、
陶瓷甚至石膏做成的，其主题几乎都是来源于古典神话和肖像。

到 18 世纪末，马赛克开始出现在珠宝中，在 1810 年左右开
始流行起来。到 1840 年，由于整体制作工艺的下降，人们失去了
对它们的兴趣。直到 1850 年左右，卡斯特拉尼开始恢复这些小艺
术品的声誉。

用来制作珠宝的替代材料还包括头发、纸、象牙、Glomis 玻璃
蓝色玻璃、硅铁和钢，以及哀悼时使用的黑色玻璃。在这个时代的
替代材料中，有一个特殊的地方就是铁制品，也就是人们通常所说
的柏林铁制品。它早在 1803 年左右就开始使用，最初是一种德国珠

图 16-2　绿松石镶珐琅钻戒

宝，1815年拿破仑战败后在整个欧洲流行起来。由于黄金价格昂贵，许多物品都是用精细的花丝制作的。典型的绿松石珐琅镶钻新古典戒指，非常注意使用金、银两种颜色。（图16-2）

新古典主义时期的手链非常罕见。一般是简单设计的刚性手镯，或者是由连接在一起的几个中心部件，通过小型锚链或几何图形链接制成。这些手镯的镶嵌工艺与戒指和项链相同。通常它们是成对穿着的，如当时约瑟芬皇后（拿破仑一世的第一任妻子）的一对手链。

新古典主义时期的耳环，尤其是路易十四时代的耳环，仍然饰有钻石和珍珠。有一种长坠形耳环，通常是扁平化设计，如3个相同的图案用一个S形张力线串联，以便固定在耳朵上。镶宝石的耳环通常镶有彩色宝石，如石榴石等，背面有饰箔。还有一种耳环主要出现在19世纪初的肖像上，是一种大型的珍珠滴，悬挂在一个圆形的较小的耳环或一个小的耳簇上。在重耳环上，通常在耳线上焊接一个额外的金属环，将线拉到头发上，为耳垂提供额外的支撑。拿破仑一世的第一任皇后约瑟芬很喜爱珍珠，她在位时曾向御用珠宝大师尼铎定制了不少珍珠珠宝，其中就有一对珍珠耳环。耳环由两大颗水滴形珍珠构成，分别重134格令和127格令。耳针扣镶嵌着钻石，璀璨呼应，衬托着天然珍珠的珍贵。（图16-3）

项链有两种主要类型，一种是紧紧地戴在脖子上的，用浮雕和古典图案装饰；第二种是长的扁平几何连接的项链，松散地戴在肩膀上。约瑟芬皇后送给养女一条祖母绿镶钻项链，作为将养女许配给德国国王查理二世的礼物。项链由两排交替排列的小颗钻石与祖母绿组成，8颗大粒祖母绿均匀分布在项链上，每颗祖母绿都被一圈钻石包围并搭配另一颗祖母绿水滴形吊坠，是典型的帝政风格。（图16-4）

胸针通常镶嵌有浮雕、蓝色玻璃或珐琅、较便宜的宝石和用象牙微雕制作的画像、头发和剪纸。这些都被放在一个雕出来的框里或用来搭配珍珠、切割钢、钻石。这些别针通常用一个C形扣钩住，别针本身开始延伸到胸针的尺寸之外。黄金珐琅胸针作品设计于1700年，即便被放在站台之内，那位西班牙夫人急欲表现的夸张奢侈和虚荣还依稀可见。金丝盘绕的花朵镶嵌着钻石，花瓣巧妙地用珐琅呈现出了层次，蜿蜒的金工缠绕延续了洛可可风格的繁复和华贵。（图16-5）

图16-3 约瑟芬皇后的珍珠耳坠

图16-4 祖母绿钻石项链

图16-5 黄金珐琅胸针

复古彩宝胸针由英国工艺美术的领军人物约翰·保罗·库珀设计。红宝石、月光石、珍珠、紫水晶和玉髓的颜色各异，放在一起却又无比和谐。胸针的设计融合了中世纪和凯尔特的风格特点，宝石和黄金的配色最为精彩。（图 16-6）

图 16-6　复古胸针彩宝

新古典主义时期有几种风格，它们与启蒙运动的哲学思想和珠宝中使用的一般形状有着松散的联系。

一是路易十六风格。1770 年左右，法国的风格在玛丽·安托瓦内特女王的影响下发生了变化，她本人也是启蒙运动的支持者。尽管这仍然是一种宫廷风格，但后来变成流行的希腊风格。玛丽·安托瓦内特经常被画成穿着腰围更高、领口敞开、头发松散的休闲礼服，点缀着钻石和珍珠。这种风格以法国国王路易十六的名字命名，一直延续到 1790 年左右，19 世纪被那些更喜欢保守品位珠宝的人延续了下来。它也被称为"玛丽·安托瓦内特"风格，因为她是这种时尚的催化剂。

二是亚当风格。大约从 1760 年开始，罗伯特·亚当在英国的建筑和室内设计中引入了一种更为古典的风格，这种风格也被用于珠宝。有一种趋势是在浮雕装饰少的几何设计中，引入许多从古代建筑中提取的古典灵感、重新设计的装饰物。他的设计具有大量的对称性，他最喜欢的主题有凹槽壁柱、公羊头、垂饰花彩、花环和椭圆形的头饰。

三是希腊主义风格。在德国，潮流时尚更倾向于借鉴古希腊社会的思想，这在很大程度上受到了约翰·约阿希姆·温克尔曼的启发。他在书中推崇希腊社会。尤其是美丽的普鲁士王后路易丝，是这种希腊时尚潮流的引领者之一。如图 16-7 所示的普鲁士的路易丝王后肖像，其穿着典型的新古典主义服装，戴着皇冠、臂章和肩胸针。

图 16-7　普鲁士的路易丝王后肖像

四是帝政风格。帝政风格出现在 1800 年左右的法国，是拿破仑的宫廷风格。法国大革命后期，大资产阶级取得政权，上层新贵兴起时尚新潮。当时风行"希腊风"的服装，妇女穿着半透明的希腊长裙，再用各种首饰来装扮赤裸的手臂、颈部、胸膛和耳朵。据记载，拿破仑的第一任夫人约瑟芬的成套首饰，是用掠夺来的 82 颗古代卡米奥宝石和许多珍珠组成的。这套首饰包括冠冕、梳子、耳饰、手镯等。由于太重，约瑟芬从来没有戴过它们。拿破仑与第二任夫人玛丽·路易丝的婚礼饰品中，至少用了 5 套由钻石、珍珠、青玉、祖母绿和红宝石组成的首饰，价值约为 1500 万法郎。（图 16-8 至图 16-10）

这种风格非常迎合他作为革命将军以及帝国皇帝对法国及其周边国家的绝对统治。灵感主要来自古

图 16-8　拿破仑皇后珠宝套件　　　图 16-9　约瑟芬皇后的珍珠项链　　　图 16-10　拿破仑皇后的麦穗冠冕

罗马和古埃及。在所有的风格中，它是除了路易十六风格之外，最丰富和具有装饰性的一个。

　　五是摄政式风格。大不列颠的摄政式风格与法国的帝政风格同步，大约都在 1795—1830 年，紧随亚当风格，在维多利亚时代之前。这一时期包括国王乔治三世和乔治四世（从 1811 年到 1820 年的摄政王）的统治。特别地，这种风格是摄政王（后来的国王）在大不列颠用自己的装饰语言对帝政风格的诠释。

　　六是比德梅尔风格。大约从 1815 年起，德国有一种简化的帝政风格，强调线条清晰，没有英国摄政式风格那么多装饰。

　　18 世纪末和 19 世纪初使用的纹样主要是古典风格，装饰语言最初取自建筑装饰。在新古典主义时期的大多数年份中，对称性很高，浮雕装饰少，甚至比平展的浮雕还要多。流行题材有玫瑰花结、花彩、半槽柱、花瓶、瓮、丝带弓、心形、肖像和蛇。后来，题材范围扩展到棕榈树、狮身人面像、战利品、葡萄酒和刺五加叶，以及新月和星星。

　　这一时期主要使用的形状是椭圆形、梭子形、矩形、盾形和菱形等。一个特别的纹样是两只紧握的手，象征兄弟情谊，这些经常用来表示反对拿破仑的修道院。

　思考题

归纳总结新古典主义的主要风格流派。

参考
文献

[1] 陈 征，郭守国 . 珠宝首饰设计与鉴赏 [M]. 上海：学林出版社，2008.

[2] 郭 新 . 珠宝首饰设计 [M]. 上海：上海人民美术出版社，2009.

[3] 杨之水 . 中国古代金银首饰 [M]. 北京：故宫出版社，2014.

[4] 邹宁馨，伏永和，高伟 . 现代首饰工艺与设计 [M]. 北京：中国纺织出版社，2005.

[5] 周汉利 . 宝石琢型设计及加工工艺学 [M]. 武汉：中国地质大学出版社，2009.

[6] 王 苗 . 珠光翠影——中国首饰史话 [M]. 北京：金城出版社，2012.

[7] 田 翊 . 博物馆里的传世珠宝 [M]. 北京：化学工业出版社，2017.

[8] 田自秉 . 中国工艺美术史 [M]. 上海：东方出版中心，2012.

[9] 姜松荣 . 中国工艺美术史 [M]. 长沙：湖南美术出版社，2004.

[10] 朱孝岳 . 西方工艺美术史 [M]. 北京：中国轻工业出版社，2011.

[11] 要 彬 . 西方工艺美术史 [M]. 天津：天津人民出版社，2005.

[12] 休·泰特 . 世界顶级珠宝揭秘：大英博物馆馆藏珠宝 [M]. 陈早，译 . 昆明：云南大学出版社，2010.